家装设计师必备

THE INTERIOR
DESIGNER DESK BOOK

家居风格

理想·宅 编

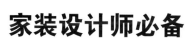

中国电力出版社
www.cepp.sgcc.com.cn

内容提要

本书将家居风格做了全面而系统的整合，通过清晰明了的条理、深入浅出的文字、丰富实用的内容、精美新潮的图片，令读者快速领悟不同家居风格的设计要点。即便是刚入行的设计师，看过后也能对家居风格进行指导或独立设计，可谓是一本集专业性、便捷性、高效性为一体的家居风格指南大全。

图书在版编目（CIP）数据

家居风格 / 理想·宅编 . — 北京 ：中国电力出版社 ，2017.1

　（家装设计师必备）

ISBN 978-7-5198-0070-3

Ⅰ . ①家… Ⅱ . ①理… Ⅲ . ①住宅 - 室内装饰设计

Ⅳ . ① TU241

中国版本图书馆 CIP 数据核字 (2016) 第 285555 号

中国电力出版社出版发行

北京市东城区北京站西街19号　　　100005　　　http://www.cepp.sgcc.com.cn

责任编辑：曹　巍　　责任印制：蔺义舟　　责任校对：常燕昆

北京盛通印刷股份有限公司印刷·各地新华书店经售

2017年1月第1版·第1次印刷

700mm × 1000mm 1/16·13印张·261千字

定价：68.00元

　　家居风格以不同的文化背景及不同的地域特色作为依据，通过各种设计元素来营造出一种特有的装饰风格。现代家居风格呈现出丰富多样的特性，每一种风格都彰显出一种独具特色的设计风情。对于初入行的设计师来说，只有掌握不同家居风格的设计要点，才能有效针对居住者的需求，为其设计出符合心意的家居环境。

　　本书由"理想•宅 Ideal Home"倾力打造，甄选了18大家居风格，从色彩、风格图案及形状、材料、家具、装饰五大方面，对每一种家居风格关键性的设计元素，进行了全面而细致的剖析。同时，利用设计关键点、搭配要点、选购常识及价格区间等实用常识，为读者提供快速打造不同家居风格的绝佳技巧，并在一定程度上大致估算出不同家居风格的预算区间。另外，书中还精选了大量符合风格特征的精美图片作为辅助性说明，以更加直观的方式，使读者了解不同的家居设计风格。

　　参与本书编写的有杨柳、赵利平、武宏达、黄肖、董菲、杨茜、赵凡、刘向宇、亡广洋、邓丽娜、安平、马禾午、谢永亮、邓毅丰、张娟、周岩、朱超、王庶、赵芳节、王效孟、王伟、王力宇、赵莉娟、潘振伟、杨志永、叶欣、张建、张亮、赵强、郑君、叶萍等人。

编者

目录 CONTENTS

Part **1**
现代风格

现代风格提倡突破传统，创造革新，重视功能和空间组织，注重发挥结构构成本身的形式美，造型简洁，反对多余装饰，崇尚合理的构成工艺；尊重材料的特性，讲究材料自身的质地和色彩的配置效果；强调设计与工业生产的联系。

风格色彩

现代风格的家居在色彩的搭配上较为灵活，既可以将色彩简化到最少程度，也可以用饱和度较高的色彩做跳色。除此之外，还可以使用强烈的对比色彩，像是白色配上红色或深色木皮搭配浅色木皮，都能凸显空间的个性。

设计师 **推荐** 对比色

配色要点 红色+绿色、黄色+紫色、蓝色+橙色

强烈的对比色，可以创造出特立独行的个人风格，也可以令家居环境尽显时尚与活泼。配色时可以采用不同颜色的涂料与空间中的家具、配饰等形成对比，最终打破家居空间的单调感。

无彩色

无彩色指彩色以外的其他颜色，常见的有黑、白、灰三色。在现代风格的家居中，可以选择三种色彩中的一种颜色作为背景色，另外两种搭配使用，最终达成整洁、利落的家居环境。

 配色要点 80%～90%白+10%～20%黑；60%黑+20%白+20%灰

风格形状及图案

现代风格的空间结构一般由硬朗的线条构成，给人以整洁、利落的视觉感受；如果想令空间带有造型感，也可以打造弧形墙。在装饰图案方面，现代风格较为青睐带有艺术感的几何形状，直线条也非常适用于现代风格。

设计师推荐 几何图形

设计要点 既可作为装饰图案，也可在立体空间结构中出现

几何图形其本身具有的图形感，能够体现出现代风格的造型感。在现代风格中，几何图形被广泛地运用于布艺、壁纸等的装饰图案；也会出现在吊顶或隔断造型中，增添空间的艺术性。

点线面组合

点线面的组合不仅体现在平面构成里，现代风格的家居中立体构成和色彩构成也常常出现点线面的关系。设计时要灵活掌握点线面的关系，才能达成现代风格的功能诉求。

设计要点 线需要点的点缀，但点不宜过多

直线、条纹

现代风格喜欢用线条来装点空间，但并不是说一定要是规矩的横平竖直，而是要利用简洁的线条来构造出具有变化性的空间效果，达到用致简的理念打造艺术性氛围的目的。

 设计要点 既体现在空间结构上，也体现在软装饰设计中

弧形

如果将空间打造成圆形、弧形等，则可以令空间充满造型感，体现现代风格的创新理念。弧形、圆形等结构既可以作为墙面造型出现，也可以运用在隔断、吊顶等部位。

 设计要点 空间运用弧形，家具等装饰物最好带些圆润感

马赛克拼花

可以用马赛克拼花打造背景墙，如果居住者追求时尚、新意的设计，还可以运用到地面上。另外，既可以选择商家提供的图案，也根据需要订制，这种模式符合当下年轻业主的要求。

 设计要点 不宜大面积的使用，会造成视觉上的凌乱感

风格材质

现代风格在选材上较为广泛，除了石材、木材、面砖等家居常用建材外，新型材料，如不锈钢、合金等，也经常作为室内装饰及家具设计的主要材料出现。另外，玻璃材质可以表现出现代时尚的家居氛围，因此同样受到现代风格的欢迎。

设计师推荐 **不锈钢**

搭配要点 常用于边条、灯具、装饰品中

价格区间 15～35元/m

不锈钢其镜面反射作用，可取得与周围环境中的各种色彩、景物交相辉映的效果，很符合现代风格追求创造革新的需求。

复合地板

复合地板相对丰富的色彩和图案，比较符合现代风格的需求。可以将复合地板满铺在客厅及餐厅的区域。

搭配要点 通常以浅色系为主，搭配墙面简洁的造型

价格区间 119～260元/m²

玻璃

　　玻璃作为一种装饰效果突出的饰材，可以塑造空间与视觉之间的丰富关系，带来明朗、透彻的现代家居风格。

 雾面朦胧玻璃+绘图图案，最能体现空间变化

 58～320元/m²

大理石

　　大理石地砖铺贴的地面，大理石塑造的电视背景墙，大理石贴装的厨房台面等，都是现代风格中常用设计手法。

 选购时要注意和家居的整体色彩相协调

 150～500元/m²

珠线帘

　　用珠线帘代替墙和玻璃，可以塑造出轻盈、透气的现代风格家居。因此，在餐厅、客厅、玄关等空间均适用。

 缺乏隐私性的弊端，致使只运用在局部使用

 15～300元/幅

风格家具

现代风格的家具强调功能性设计，线条简约流畅；材质上大量以钢化玻璃、不锈钢等新型材料作为辅料。但由于现代风格的家具线条简单、装饰元素少，因此常需要软装配合，才能将现代风格的美感表达得淋漓尽致。

造型茶几

造型感极强的茶几，在功能上方便人们的日常使用，而具有流动感的现代造型也可成为空间装饰的一部分。

选购要点 玻璃与金属材质最能体现风格特征

价格区间 600～1450元/个

线条简练的板式家具

追求造型简洁的特性使板式家具成为现代风格家居中的最佳搭配伙伴，其中以茶几和电视背景墙的装饰柜为主。

选购要点 成套的板式家具，令家居环境看起来更规整

价格区间 1500～3650元/组

风格饰品

现代风格在装饰品的选择上较为多样化，只要是能体现出时代特征的物品皆可。例如，带有造型感的灯具、抽象而时尚的装饰画；甚至是另类的装饰物品等。装饰品的材质同样延续了硬装材质，像玻璃、金属等，均运用得十分广泛。

设计师推荐 时尚灯具

 选购要点 除了具备照明功能，更多的是要有装饰作用

 价格区间 100～500元/组

灯具通常采用金属、玻璃及陶瓷制品作为灯架，在设计风格上脱离了传统的局限，更加注重个性化的设计。

金属灯具（罩）

金属灯具具有强烈的时代特征，且使用寿命较长，耐腐蚀，不易老化，因此非常适合现代风格的家居。

 选购要点 常用灯具为时尚的铁艺台灯或烤漆金属灯罩吊灯

 价格区间 台灯50～100元/个，烤漆金属灯罩吊灯100～300元/个

灯具的组合

　　在现代风格的家居空间中，可以利用射灯、筒灯、壁灯等多种灯具相结合，打造出一个独特的光影世界。

 并非越多越好，选择两到三种搭配即可

 射灯、筒灯50～100元/个；壁灯50～300元/个

抽象艺术画

　　以抽象派画法为主的装饰画，充斥着各种鲜艳的颜色，悬挂在现代风的空间中，增添空间时尚感，并提升空间的视觉观赏性。

 单幅作品、组合式作品皆可

 400～1500元/幅（组）

无框画

　　无框画因没有边框的设计，可以与墙面造型很好地融合一起，使空间看起来更加整体，非常适合现代风格的墙面造型设计。

 大幅、小幅作品均适用，需根据墙面大小选择

 100～500元/幅（组）

充满创意的设计凸显出空间的时代感

空间在色彩上运用较为大胆，既有饱和度很高的对比色，又用无彩色巧妙地避免了色彩过于炫目。另外，不规则形状的马赛克拼花地面充满设计感，也充分彰显出客厅的时代特征。

1 点线面组合

2 无框画

3 不锈钢

4 对比色

5 线条简练的板式家具

6 马赛克拼花

弧形镂空隔断令空间充满造型感

镂空的弧形隔断是空间中的设计亮点，既不影响空间的通透性，又极具造型感。同时，圆形茶几及圆润的沙发，与弧形隔断形成了很好的呼应，令空间充满了视觉层次变化。

1 弧形
2 时尚灯具
3 几何图形
4 大理石地砖
5 造型茶几

用轻盈的珠帘打破空间的单调感

线条较为生硬的空间结构，清冷的无彩色系，难免令空间显得过于单调。因此，用轻盈的珠帘与带有造型感的细木工板来作空间隔断，轻易打造出一个充满设计感的家居环境。

1 珠线帘
2 金属灯罩
3 直线
4 无彩色
5 复合地板

Part 2
后现代风格

后现代风格是一种在形式上对现代主义进行修正的设计思潮与理念，常在室内设置夸张、变形的柱式和断裂的拱券，或把古典构件的抽象形式以新的手法组合在一起，即采用非传统的混合、叠加、错位、裂变等手法和象征、隐喻等手段来塑造室内环境。

风格色彩

由于水泥和红砖墙的广泛运用，后现代风格在色彩上较为常见的两种色调为灰色和红砖色。另外，后现代风格的家居其主角色、配角色、点缀色等往往不会特别分明，经常是几种色彩混用在一起，体现出独具个性的配色效果。

设计师 推荐

没有主次之分的色调

配色要点 不同色调、色块相互干扰，相似的深浓色彩并置

后现代家居一反色彩的配置规则，色调之间往往没有主次之分，生产一种特有、新奇的视觉效果；也常用相似色彩设计家居环境，令人分不清家中的主角色。

色彩的纯度对比

纯度对比是将两个或两个以上不同纯度的色彩放置在一起，产生色彩的鲜艳或混浊的感受对比。包括单一色相对比，也包括不同色相对比，如红蓝之间的对比等。

 配色要点 色彩之间纯度差别的大小决定了纯度对比的强弱

风格形状及图案

后现代家居中的空间造型常由曲线和非对称线条构成，展现出强烈的视觉冲击力。在装饰形状与图案上，几何形状、怪诞型图案、斑马纹等较为常见，被广泛地应用在墙面、栏杆、窗棂和家具等装饰物上。

扭曲/不规则线条

后现代风格最擅长用扭曲或者不规则的线条来塑造空间表情，这样的线条既可以用于空间构成上，也可以用于空间平面的设计中，令家居环境呈现出个性化的特质。

设计要点 实体墙挖出造型感强的门洞、铺贴线条抽象的壁纸

非对称线条

不对称线条具有强烈的视觉冲击力，带给人变化多端的心理暗示，改变了传统空间横平竖直的单调感，使空间充满了乐趣。这样的设计于法在后现代家居中会经常用到。

设计要点 非对称并非随心所欲，需要符合一定的设计准则

风格材质

后现代家居风格中，会大量使用到金属构件，体现出工业风格的冷调效果；而像红砖、水泥则是极具代表性的装饰材料，将后现代风格的粗犷美展露无余。另外，也会将玻璃、瓷砖、陶艺等材质综合地运用于室内装修中。

设计师 **推荐** **水泥**

搭配要点 水泥自带冰冷属性，需用色彩和材质进行中和 **价格区间** 15～30元/袋

后现代风格多用水泥或清水模做墙面和天花板，灰色的粗犷与斑驳，可以令居室有种原始回归的美感。

玻璃/镜面

玻璃和镜面均具有时代特征，其材质可以为家居空间营造出光影变化的效果，符合后现代风格追求特立独行的诉求。

搭配要点 烤漆玻璃、艺术玻璃、镜面玻璃、钢化玻璃 **价格区间** 60～300元/㎡；艺术玻璃价格略贵

红砖（墙）

　　裸露的红砖墙其砖块与砖块中的缝隙，可以呈现出有别于一般墙面的光影层次，凸显出质朴、粗犷的工业风气质。

 搭配要点　可粉刷成无彩色，带给居室老旧又摩登的视觉效果

 价格区间　90～140元/㎡

晶钻马赛克

　　晶钻马赛克可以制造出令人眼花缭乱的视觉效果，可以为后现代风格的家居带去无限的色彩和惊喜。

 选购要点　可以作一些拼图，产生渐变效果

 价格区间　120～200元/㎡

金属

　　金属是一种强韧又耐久的材料，在后现代家居中，金属家具、金属装饰墙较为常见，凸显出后现代风格的工业精神。

 选购要点　最好将金属与木质或皮质家具做混搭

 价格区间　家具100～800元/个；贴面板25～60元/㎡

风格家具

后现代家居中的家具——反传统家具或横平竖直、或圆润的造型，而是利用线条的组合、拼接、断裂，形成让人眼前一亮的家具结构。在材质上也往往会拒绝单一材质，而是将两种以上的材质进行合理搭配，形成独具创意性的风格家具。

创意造型家具

后现代家居中，一些家具的造型往往较为新奇，摒弃了简单的横平竖直。带有夸张弧度，甚至是怪诞型的家具均会出现。

 选购要点 有几个作为点缀即可，不宜全居室使用

 价格区间 600~1450元/个（套）

对比材质的家具

玻璃与金属、金属与木材，这些属性不同的材质结合而成的家具，可以为空间带来充满工业效果的视觉感受。

 选购要点 家具的质量很关键，五金结合处需严密

 价格区间 500~1500元/个

风格饰品

后现代家居中的装饰品讲求工业性与特立独行，其中暴露的管线最直接，也是最能体现风格特征的装饰品。另外，抽象的工艺品以其独具特色的艺术性，在后现代家居中被广泛运用；而像一些具有斑驳与做旧效果的装饰也很适用。

设计师推荐 暴露的管线

| 设计要点 | 也可采用水管风格的装饰物，如书架、灯饰等 | 价格区间 | 100～500元/个（装饰） |

后现代风格不刻意隐藏各种水电管线，并将其化为室内的视觉元素之一，这种颠覆传统的装潢方式往往也是最吸引人之处。

怪诞工艺品

后现代家居的工艺品非常具有个性，其中颠覆传统的怪诞型饰品应用广泛，为家居环境带来无尽的创意。

| 选购要点 | 马头灯、兽头装饰、抽象画等 | 价格区间 | 100～600元/个 |

浅冷色系+金属材质，表达出冷调感十足的工业风

空间的色彩较为清冷，色彩搭配上也没有刻意区分主角色与配角色，使客厅氛围看起来十分理性。而暴露的管线与金属吊灯的运用，在材质上充分吻合了后现代风格的特质。

1 暴露的管线

2 金属

3 没有主次之分的色调

创意性+原味性的设计，在后现代家居中十分适用

1 水泥

2 红砖（墙）

3 怪诞工艺品

4 创意造型家具

　　裸露的红砖墙与不加修饰的水泥吊顶，将后现代风格原汁原味的材质特点表露无余，也增添了空间的粗犷美。而皮质造型家具与动物装饰品，则加深了空间的风格特征。

1 晶钻马赛克

2 非对称线条

3 对比材质的家具

4 扭曲

5 色彩的纯度对比

后现代风格要体现新奇、颠覆的设计理念

　　空间在色彩的运用上具有强烈的视觉冲击力，同时利用扭曲和非对称线条来增加后现代风格的与众不同。而晶钻马赛克和对比材质的家具则为空间注入更加浓郁的时代特征。

Part **3**

简约风格

　　简洁、实用、省钱，是简约风格的基本特点。其风格的特色是将设计元素、色彩、照明、原材料简化到最少的程度，但对色彩、材料的质感要求很高。因此，简约的空间设计通常非常含蓄，往往能达到以少胜多、以简胜繁的效果。

风格色彩

简约风格的居室色彩设计宜凸显出舒适感和惬意感，这里的舒适指的是视觉上的统一，没有突兀的、不融合的部分。一般来说，简约风格的居室善用大量的白色，但一些纯度较高的色彩，也会出现在家居设计中。

设计师 推荐 单一色调

配色要点 要有小面积的点缀色出现，避免过于单调

单一色调顾名思义是指一种色彩。简约风格常常会选用一种颜色来作为空间的主色调，大面积来使用，这样的色彩设计符合简约风格追求以简胜繁的风格理念。

浅冷色

冷色系包括蓝绿、蓝青、蓝、蓝紫等，一般会给人带来清爽的感觉，在简约风格中运用较多，带来耳目一新的视觉感受，也令空间显得整洁、干净。

配色要点 浅蓝搭配白色、木色，可以很好地体现风格特征

高纯度色彩

高纯度色彩是指在基础色中不加入或少加入中性色而得出的色彩。纯度越高，居室越明亮。

配色解析 既体现在空间结构上，也体现在软装饰设计中

白色+其他色彩

在简约风格的居室中，常会用白色搭配其他颜色，如白色+黑色、白色+木色、白色+灰色等，也会出现白色+黑色+红色等三色搭配出现。

配色要点 搭配时要注意一定比例，一般白色常作为主角色

大面积色块

简约风格划分空间不一定局限硬质墙体，还可以通过大面积色块进行划分，这样的划分具有很好的兼容性、流动性及灵活性；另外大面积色块也可以用于墙面、软装等地方。

配色要点 设计上根据空间之间相互的功能关系而相互渗透

风格形状及图案

简约风格给人的感觉就是整洁、利落。因此，家居设计中往往不会出现烦琐的线条及造型，多用直角和直线来表达空间构成。另外，简约风格中也会用到几何图形，来作为空间装饰图形出现，但一般只是小面积使用。

直角

直角会带来强烈的稳定感，简约家居中的空间构成一般较多用到。简洁的直角造型不会给人带来烦琐的视觉感官，也对空间线条起到规整的作用。

设计要点 家具、软装饰、空间结构均会用到

直线

要塑造空间的简约风格，一定要先将空间线条重新整理，整合空间中的平行与垂直线条，讲求对称与平衡。因为，线条是空间风格的架构，而直线最能表现出简约风格的特点。

设计要点 不做无用装饰，让视觉在空间中的延伸不受阻碍

风格材质

简约风格在材料的选用上依然遵循简洁、实用的理念，一般花费不会很高，但却可以充分营造出风格特点，像涂料、壁纸、抛光砖、通体砖、石膏板造型等，都是简约风格的家居中常见的风格材料。

设计师 **推荐** 纯色涂料

| 搭配要点 | 白色、灰色涂料在简约家居中最常见 | 价格区间 | 200～2000元/㎡ |

涂料是家居中常见的装饰涂料，色彩丰富、易于涂刷。简约风格的居室中常用纯色涂料将空间塑造得干净、通透。

釉面砖

釉面砖防渗，可无缝拼接，基本不会发生断裂现象，与简约风格追求实用的理念不谋而合。

| 搭配要点 | 既可以作为地面材料，也可以作为厨卫的墙面建材 | 价格区间 | 40～500元/㎡ |

风格家具

简约风格的家居中，选择家具最简单的方法就是不要和家里主色调出现色彩冲突。例如，可以在空间中摆放几件造型、色调都不复杂的家具，再放上一两件喜爱的装饰品，自然简洁、富有时代气息的简约风格家居就完成了。

设计师 推荐 多功能家具

 选购要点 用作床的沙发，具有收纳功能的茶几、岛台等

 价格区间 1500～6000元/个

选择简约设计的家居，往往是中小户型，或户型面积有限。因此，选择家具时，最好为多功能，事先一物两用，甚至多用。

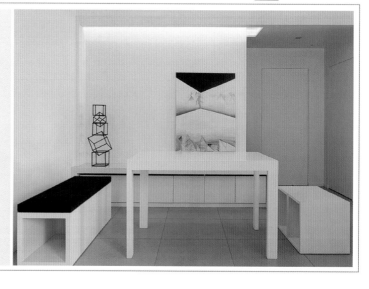

直线条家具

简约风格在家具的选择上延续了空间的直线条，横平竖直的家具不会占用过多的空间面积，同时也十分实用。

 选购要点 注意尺寸与比例要与整体空间相协调

 价格区间 500～3000元/个

风格饰品

由于简约家居风格的线条简单、装饰元素少，因此软装到位是简约风格家居装饰的关键。配饰选择应尽量简约，没有必要为显得"阔绰"而放置一些较大体积的物品，尽量以实用方便为主；此外，简约家居中的陈列品设置应尽量突出个性和美感。

吸顶灯

吸顶灯在安装时底部完全贴在屋顶上，造型往往较为简洁，但形状却很多样。因此，既有装饰性，又不会显得过于烦琐。

 选购要点 要便于清洁，实用性大于装饰性

 价格区间 80~300元/个

黑白装饰画

简约家居的配色简洁，装饰画也延续了这一风格。黑白装饰画虽然简单，却十分经典，非常适用于简约家居。

 选购要点 尽量选择单幅作品，最多一组之中不要超过3幅

 价格区间 50~300元/个（组）

案例 解析

白色系家居呈现干净、素雅的简约风格

　　大面积白色系的运用为空间定下了干净、素雅的格调，间或运用黑色和灰色作为点缀色出现，中和大面积白色带来的单调感。而横平竖直的空间与软装，则令空间显得十分规整。

1 单一色调
2 纯色涂料
3 直线条家具

多功能家具充分体现出简约风格的至简理念

　　白色与木色的结合令空间的温馨感十足，也奠定了空间色简约基调。多功能茶几及电视柜，体量不大，却很实用，集装饰、收纳功能于一体，体现出简约风格的至简理念。

1 吸顶灯
2 白色+其他颜色
3 多功能家具
4 抛光砖

高纯度色彩+无彩色系，营造出居室的层次感

1 直角
2 直线
3 大面积色块
4 高纯度色彩

　　运用白色、木色和黑色来区分空间中的顶面、地面和墙面，并加入了高纯度的绿色座椅，整个空间的色彩非常具有层次感。而空间中整齐划一的线条，无声地吻合着简约风格的特质。

Part4
中式古典风格

中式古典风格是以宫廷建筑为代表的中国古典建筑的室内装饰设计艺术风格，是在室内布置、线形、色调及家具、陈设的造型等方面，吸取传统装饰"形""神"的特征。其布局设计严格遵循均衡对称原则，家具的选用与摆放是其中最主要的内容。

风格色彩

中式古典风格的居室在色彩设计上，充分体现出中式情结。代表吉祥、喜庆的红色与作为皇室象征的黄色，都是居室中常见的色彩。另外，居室色彩不宜过于明快，以免打破优雅的居家生活情调。

设计师 **推荐** 中国红

配色要点 大量红色最好运用于木材，或带花纹的壁纸、布艺

有别于其他室内风格，中式古典风格中，红色系会被大量使用，这种鲜艳的色彩，代表着居住者对美好生活的期许，也体现出喜庆、热烈的家居氛围。

帝王黄

帝王黄在古代作为皇家象征，代表着财富和权利，是骄傲的色彩，如今被广泛地运用于中国古典风格的家居中，令家居环境呈现出富丽堂皇的视觉效果。

配色要点 一般在墙面与床品中会被大量运用

风格形状及图案

中式古典风格在形状与图案的选择上强调的是要凸显出传统的中式特色。因此，象征着圆满的圆形、拱形被广泛运用。另外，独具中式特色的冰裂纹、回字纹、祥云图案等也是常见的装饰图案。而牡丹、祥兽、福禄寿字样等，则体现出中式古典风格的美好寓意。

设计师推荐 镂空类造型

设计要点 常运用于电视墙、门窗等，也可以设计成屏风

镂空类造型如窗棂、花格等是中式古典风格的灵魂，常用的有回字纹、冰裂纹、卐字纹等，其独具的丰富层次感，能立刻为居室增添古典韵味。

垭口

垭口为不安装门的门口，简单说就是没有门的框，是一种空间分割的方式。在中式古典风格的家居中，设计一个富有中国特色的垭口，可以提升空间的整体格调。

设计要点 适合追求宽敞性和开放性的居住者及大空间

福禄寿字样/图案

福禄寿是中国民间信仰的三位神仙，象征幸福、吉利、长寿。在中式古典风格中，常会作为装饰图案出现，表达出居住者的一种美好愿望。

设计要点 既体现在空间结构上，也体现在软装饰设计中

书法图案

书法是一种文字美的艺术表现形式，具有深厚的文化底蕴。在中式古典家居中既适合大面积地运用在背景墙设计中，也可以在装饰画、花盆、沙发等软装中运用。

设计要点 墙面装饰可选择书法壁纸，也可以是书法玻璃等

花鸟鱼草图案

具有传统意韵的花鸟虫草图案所具有的生动形态，可以丰富空间的视觉层次。因此，被广泛地运用在墙面壁纸、布艺，以及装饰画的设计中。

设计要点 选择的图案要具备中式特点，体现出传统文化

风格材质

　　中式古典风格的主要特征为气势恢宏、沉稳大气，在材料的选择上应以质朴、厚重来吻合家居主体风格。其中，木材是中式古典风格中的主要建材，其天然的质感与色泽，可以充分凸显出中式特征。另外，青砖、中式花纹壁纸等，也是塑造风格的好帮手。

木材

　　木材可以充分发挥其物理性能，创造出独特的木结构，体现传统中式的建筑美；同时木材还适用于墙面、地面和家具中。

 搭配要点 多为重色，为避免沉闷感，适合搭配浅色系

 价格区间 饰面板70～600元/㎡；实木地板400～1000元/㎡

青砖

　　青砖给人以素雅、沉稳、古朴、宁静的美感，艺术形态以中国传统式样为主，因此在中式古典家居中被经常用到。

 搭配要点 较为适合作为小面积的墙面造型材料

 价格区间 0.4～0.8元/块

风格家具

　　中式风格的家居环境中，家具的选择继承了传统文化中的规则、大方之美，多以木色为主，并以圆形和方形的形态出现，体现出天圆地方的东方文化审美。由于东方美学讲究对称，因此在中式风格的家居中常把相同的家具以对称的方式摆放。

设计师 **推荐** **明清家具**

选购要点　以紫檀木、黄花梨、鸡翅木为主要材料

价格区间　800～6000元/个（套）

　　明清家具既具有深厚的历史文化艺术底蕴，又具有典雅、实用的功能。在中式古典风格中，明清家具是一定要出现的元素。

案类家具

　　案类家具形式多种多样，基本可分为高几和矮几。另外，案类家具造型古朴方正，可以令居室体现出高洁、典雅的意蕴。

选购要点　高几以香几、茶几、花几最为常见，可搭配选用

价格区间　700～4000元/个

榻

榻是中国古时家具的一种，狭长而较矮，比较轻便，可坐可卧，是古时常见的木质家具，材质多种。

选购要点 普通硬木、紫檀、黄花梨皆可，榻面可加藤面

价格区间 2000～10000元/个

博古架

博古架或倚墙而立、装点居室，或隔断空间、充当屏障，还可以陈设各种古玩器物的用途，点缀空间美化居室。

选购要点 要选择结实耐用的木材，及所刷油漆是否光滑均匀

价格区间 900～5000元/个

圈椅

圈椅由交椅发展而来，坐靠时可使人的臂膀都倚着圈形的扶手，感觉十分舒适，是中国独具特色的椅子样式之一。

选购要点 要遵循一定比例，传统圈椅鹅脖为22.5cm左右

价格区间 500～1500元/个

太师椅

太师椅是古家具中唯一用官职来命名的椅子，最能体现清代家具的造型特点，用料厚重、宽大夸张、装饰繁缛。

选购要点 常见材质有铁梨木、黄杨木、红木，注意区分

价格区间 800～1500元/个

坐墩

坐墩又称绣墩，是汉族传统家具凳具家族中最富有个性的坐具，由于它上面多覆盖一方丝绣织物而得名。

选购要点 造型最好与客厅中的整体家具配套

价格区间 500～1500元/个

中式架子床

中式架子床为汉族卧具，结构精巧、装饰华美，多以民间传说、花马山水等为题材，含和谐、平安、吉祥、多福等寓意。

选购要点 要注意架子床的尺寸和层高

价格区间 4800～7000元/个

风格饰品

中式风格的软装应体现出高雅的格调。软装色彩大多以红色、黄色、青蓝色等为主，也不乏绿色的玉石装饰；形状上常以圆形和方形出现，体现出天圆地方的东方文化中的审美。另外，扎染、蜡染的布艺，女红盘扣等较适用于布艺中。

设计师推荐 **中式屏风**

选购要点 以古典题材为主，最好为木质

价格区间 100~500元/个

屏风为汉族传统家具，一般陈设于室内的显眼位置，起到分隔、美化、挡风、协调等作用。

宫灯

宫灯是汉民族传统手工艺品之一，充满宫廷的气派，可以令中式古典风格的家居显得雍容华贵。

选购要点 以细木为骨架，外部镶以绢纱或玻璃，并有彩绘

价格区间 100~500元/个

木雕花壁挂

　　木雕花壁挂具有文化韵味和独特风格，可以体现出中国传统家居文化的独特魅力，可以作为装饰画来运用。

 质地细密坚韧，不易变形；如楠木、紫檀等树种

 300～700元/个

挂落

　　挂落是中国传统建筑中额枋下的一种构件，可以使室内空阔的部分产生变化，出现层次，具有很强的装饰效果。

 雕工精细，无毛刺

 50～300元/个

雀替

　　雀替是中国建筑中的特殊名称，安置于梁或阑额与柱交接处承托梁枋的木构件，可增加梁头抗剪能力或减少梁枋间的跨距。

 分石材与木材两类，家居中一般用木材

 40～350元/个

窗棂

窗棂是中国传统木构建筑的框架结构设计，雕刻有线槽和各种花纹，好似镶在框中挂在窗户上的一幅画。

 选购要点 根据窗户大小选择合适的形状及图案

 价格区间 200～400元/个

文房四宝

中国汉族传统文化中的文书工具，即笔、墨、纸、砚。既具有实用功能，又能令居室充分彰显出中式古典风情。

 选购要点 可选择集实用性与装饰性为一体的产品

 价格区间 70～350元/套

中国结

中国结是一种中国特有的手工编织工艺品，它身上所显示的情致与智慧正是中华古老文明中的一个侧面。

 选购要点 可以根据需要选择单个或成对的作为装饰

 价格区间 15～200元/个

案例解析

1 福禄寿字样
2 坐墩
3 窗棂
4 太师椅
5 木雕花壁挂
6 书法图案

中式古典家具+传统装饰，打造古韵十足的中式家居

大量中式古典家具的运用令空间的古典韵味更加深浓；木雕花壁挂、书法花盆及"福"字装饰画等软装则在细节处体现出中式古典风格的传统美感。

1 宫灯
2 挂落
3 帝王黄
4 明清家具
5 镂空类造型
6 文房四宝

中式古典风格的居室配色要古韵与富贵气息并存

空间色彩采用了中式古典家居的经典配色：黄色+红色+木色，令空间显得古韵十足，又不乏大气、富贵之美；宫灯、挂落等独具中式特色的装饰品，体现出传统文化的精髓。

1 中国结
2 青砖
3 博古架
4 中国红
5 木材

传统中式建材奠定了居室的风格基调

青砖、木材等具有中式特色的材料为居室奠定了风格基调；中国结与中国红抱枕在色彩上提亮了空间的整体色调，使空间不显压抑。

1 花鸟虫鱼图案
2 榻
3 圈椅

中式传统家居中的装饰不在多，而在精

空间中并没有运用大量的中式元素，仅是在家具和软装上选用极具代表性的几件器物，就为空间轻易点染出浓郁的中式古典风情。

Part **5**
新中式风格

新中式风格是作为传统中式家居风格的现代生活理念，通过提取传统家居的精华元素和生活符号进行合理的搭配、布局，在整体的家居设计中既有中式家居的传统韵味又更多地符合了现代人居住的生活特点。

风格色彩

新中式风格的家居色彩相对于中式古典风格沉稳、厚重的色彩，而显得较为淡雅。白色系被大量地运用，一些墙面可以选择用亮色作为跳色，但不适合整个空间都使用。另外，木色系在新中式风格中也会被广泛运用，以浅木色系为主。

设计师 **推荐** **吊顶色彩浅于墙、地面**   **配色要点** 也可吊顶与墙面色彩一致，地面色彩略深

新中式风格注重色彩上的和谐，整个房间的颜色应该下深上浅，如吊顶、地面与墙面的色彩运用为吊顶颜色浅于地面与墙面，这样才不会给人头重脚轻和压抑的感觉。

白色+黑色+灰色

新中式讲究的是色彩自然和谐的搭配，经典的配色是以黑、白、灰色、棕色为基调；在这些主色的基础上可以用皇家住宅的红、黄、蓝、绿等作为局部色彩。

 配色要点 需要对空间色彩进行通盘考虑

风格形状及图案

在新中式风格的居室中，既有方与圆的对比；同时简洁硬朗的直线条也被广泛地运用，不仅反映出现代人追求简单生活的居住要求，更迎合了新中式家居追求内敛、质朴的设计风格。另外，传统中式中的梅兰竹菊、花鸟虫鱼等图案在新中式家居中也会经常用到。

方与圆的对比

新中式的家居中会经常出现圆形与方形的对比设计，体现出天圆地方的东方文化中的审美。一般会运用在窗户与墙，或门与墙的对比设计中；一些软装饰品也会用到方与圆的对比。

 设计要点 可以依势而为，不必过于强求

"梅兰竹菊"图案

"梅、兰、竹、菊"用于新中式的居室内是一种隐喻，借用植物的某些生态特征，赞颂人类崇高的情操和品行。这些元素用于新中式的家居中将中式古典的思想作为延续与传承。

 设计要点 竹寓意"气节"，梅、松耐寒，寓意不怕困难

风格材质

　　新中式风格的主材往往取材于自然，如用来代替木材的装饰面板、石材等，尤其是装饰面板，最能够表现出浑厚的韵味。但也不必拘泥，只要熟知材料的特点，就能够在适当的地方用适当的材料，即使是玻璃、金属等，一样可以展现新中式风格。

设计师 **推荐 实木材料**

搭配要点 利用实木本身的纹理与现代先进工艺材料相结合

价格区间 木线条40～80元/m，木造型花格350～650元/m²

　　实木运用不强调大面积的设计与使用，如回字形吊顶一圈细长的实木线条，或电视背景墙用实木线条勾勒出中式花窗造型等。

天然石材

　　选择纹理丰富且具有独特性的天然石材，或是满铺客厅地面或搭配实木线条设计在电视背景墙皆可。

搭配要点 令天然石材的质感充分发挥出来，提升居室时尚感

价格区间 360～680元/m²

中式风格壁纸

在壁纸的挑选中，多选择带花鸟纹理的、中式风格浓郁的壁纸；然后搭配低纯度素色壁纸。

 搭配要点 大面积用低纯度素色壁纸，小面积用花鸟纹理壁纸

 价格区间 140～350元/卷

玻璃+木线

新中式风格除了大量运用实木线条，也会结合玻璃搭配使用，可以很好地提升空间亮度，及增大视觉空间。

 搭配要点 要使玻璃与木材的刚柔质感良好地融合在一起

 价格区间 80～400元/m²

亚光砖

亚光相对于抛光而言，也就是非亮光面，可以避免光污染，较为适合新中式的家居，可以提升空间的品质。

 搭配要点 喜欢素雅用米白色系，喜欢沉稳用灰棕色系

 价格区间 40～500 元/m²

风格家具

　　新中式风格在家具的选用上要比中式古典风格更加简洁化，其中以线条简练的中式家具为主；也会采用现代家具和明清家具相结合的摆放方式。另外，家具的色彩上也一反中式古典风格厚重的色彩，较多的用到白色系。

设计师 **推荐**

线条简练的 中式沙发

 选购要点 注意家具与家具之间的搭配要中和，不要突兀

 价格区间 5800～12000 元/套

　　结合现代制作工艺、线条简单的新中式沙发组合，可以体现新中式风格既遵循传统美，又加入了现代生活简洁的理念。

现代工艺博古架

　　博古架的设计突破了传统的全实木结构，使具有传统文化的博古架更具现代时尚感，同时却不失原本的中式风质感。

 选购要点 可选择加入黑镜、不锈钢收边条等元素的博古架

 价格区间 1300～3500 元/件

造型简洁的圈椅

　　通过现代工艺手法设计的圈椅抛弃了中式古典的繁杂装饰造型，并在设计上更符合人体工程学，具有优美弧线的外形。

 选购要点 既可选择传统木质圈椅，也可选择金属材质圈椅

 价格区间 800～2000元/件

无雕花架子床

　　无雕花架子床继承了传统中式架子床的框架结构，但在设计形式上却结合了现代风的审美视角。

 选购要点 大多为黑色系，需漆膜平整，无流坠

 价格区间 5800～9600元/个

新中式实木餐桌

　　突破了传统中式餐桌的繁复造型，以简洁的直线条取胜。另外，材质选择更加多样化，既可为木质，也可结合玻璃等材质。

 选购要点 简化造型，木材平整、无毛刺

 价格区间 3700～6500元/个

风格饰品

新中式家居中的装饰品既要体现出中式韵味，在造型上又不宜过于烦琐。因此，仿古灯、青花瓷等装饰较为适用。另外，装饰品的色彩不宜过于浓重，尤其是大体量的装饰物。淡雅的装饰物，可以很好地与新中式风格相协调。

设计师 **推荐** **青花瓷**

选购要点 瓷土细腻平整，釉色温润纯正，器形周正

价格区间 600～1700 元/个

在新中式风格的家居中，摆上几件青花装饰品，可以令家居环境的韵味十足，也将中国文化的精髓满溢于整个居室空间。

仿古灯

中式仿古灯更强调古典和传统文化神韵的再现，图案多为清明上河图、如意图、龙凤等中式元素，宁静而古朴。

选购要点 装饰要多以镂空或雕刻的木材为主

价格区间 800～2000 元/个

水墨装饰画

　　水墨画是中国绘画的代表，可以很好地体现中式文化的底蕴。用于家居中，可以塑造出典雅、素洁的空间氛围。

 清浅家居选择范围广泛，深色家居宜选黑白水墨画

 150～1000元/幅（组）

茶具

　　饮茶为中国人喜爱的一种生活形式，在新中式家居中摆放茶具，可以传递雅致的生活态度。

 整套茶具要和谐，容积和重量的比例恰当

 200～800元/套

寓意高洁的花卉绿植

　　新中式风格的家居适合摆放古人喻之为君子的高尚植物，如兰草、青竹等。另外，植物要注重"观其叶，赏其形"的特点。

 适宜选购附土盆栽

 30～300元/盆

案例 解析

1 水墨装饰画

2 青花瓷

3 线条简练的中式沙发组合

4 方与圆的对比

5 亚光砖

新中式家居中的软装应体现出雅致的清韵

清浅的色调奠定了新中式家居素雅的基调；水墨山水画与水墨图案的沙发相呼应，更显空间的清韵；青花瓷台灯与方与圆对比的工艺品也充分显示出新中式风格的装饰特点。

1 现代工艺博古架

2 "梅兰竹菊" 图案

3 新中式实木餐桌

4 实木材料

新中式家具要结合传统与现代的设计理念

现代工艺博古架及新中式实木餐桌，既具有中式元素，又带有现代风格简洁的设计理念，十分符合新中式家居的气质。而雕花门其精美的图案则丰富了空间的层次。

新中式家居中的建材可以呈现出材质的冷暖对比

1 天然石材
2 白色+黑色+灰色
3 茶具
4 寓意高洁的花卉绿植

黑白灰三色搭配，成就出经典的新中式家居中的配色，结合茶具和兰花装饰，营造出雅致、干净的品质家居。大面积的石材背景墙则令空间中的材质形成对比，令居室更具变化性。

1 中式风格壁纸
2 吊顶颜色浅于地面与墙面
3 仿古灯
4 无雕花架子床

新中式风格中的家具、软装及配色要具有协调性

吊顶颜色浅于墙地面的色彩设计，避免了空间的头重脚轻。无雕花架子床及仿古灯的运用，令空间的风格特征更加显著；而花鸟壁纸则成为空间中最吸睛的装饰。

Part **6**

欧式古典风格

欧式古典风格追求华丽、高雅，典雅中透着高贵，深沉里显露豪华，具有很强的文化韵味和历史内涵。另外，欧洲古典风格在经历了古希腊、古罗马的洗礼之后，形成了以柱式、拱券、山花、雕塑为主要构件的石构造装饰风格。空间上追求连续性，追求形体的变化和层次感。

风格色彩

　　欧式古典风格在色彩上经常以棕色系或黄色系为基础，搭配墨绿色、象牙白、米黄色等，表现出古典欧式风格的华贵气质。另外，家具、画框的线条部位常常饰以金线、金边，在细节处吻合欧式古典风格追求精致的格调。

黄色/金色

　　在色彩上，欧式古典风格经常运用明黄、金色等古典常用色来渲染空间氛围，可以营造出富丽堂皇的效果，表现出古典欧式风格的华贵气质。

设计要点 明暗不同的黄色系可以丰富空间的视觉层次

红棕色系

　　实木地板与护墙板在欧式古典风格中的大量运用，而致使红棕色系成为其风格中的常见配色，体现出古典风格的厚重与沉稳气质。

设计要点 可以通过变化软装色彩来中和红棕色系的沉闷感

风格形状及图案

欧式古典风格对造型的要求较高。例如门的造型设计，包括房间的门和各种柜门，既要突出凹凸感，又要有优美的弧线，两种造型相映成趣、风情万种。柱的设计也很有讲究，可以设计成典型的罗马柱造型，使整体空间具有强烈的西方传统审美气息。

推荐 欧式门套

设计要点 既可作为装饰图案，也可在立体空间结构中出现

欧式门套作为门套风格的一种，是欧式古典风格的家中经常用到的元素。因为欧式古典风格本身就是奢华与大气的代表，只有用精工细做的欧式门套才能彰显出这份气质。

拱形

欧式古典风格摒弃生硬的线条，会在门窗等处大量运用拱形，体现出圆润的空间感。另外，家具、布艺等软装饰品的造型上也多见拱形纹样。

设计要点 拱形可以连续出现，形成连续性的设计

藻井式吊顶

欧式古典风格的空间面积往往较大，因此适合做顶面造型。稳重、厚实的藻井式吊顶十分适宜，既可以体现欧式古典风格的大气感，又能丰富顶面的视觉层次。

 设计要点 适合挑高足够的空间，否则会形成压抑感

花纹石膏线

欧式古典风格追求细节处的精致，因此在吊灯处往往会设计花纹石膏线，既美化了空间，又体现出欧式古典风格对于设计的精益求精。

 设计要点 石膏线可简单，也可复杂，但要根据空间而定

拱门

欧式古典风格中，室内门的设计形式很多。其中，拱门是较为常见的形式，既可以是圆形拱门，也可以是尖形拱门，都可以很好地体现出欧式风格的特征。

 设计要点 拱门的材质可以是木材，也可以是石材等

风格材质

在欧式古典风格的家居中，材料以高档红胡桃饰面板、欧式风格壁纸、仿古砖、石膏装饰线等为主。其中，墙面饰面板、古典欧式壁纸等硬装设计与家具在色彩、质感及品位上，需要完美地融合在一起。另外，欧式古典风格的地面材料以石材或实木地板为主。

设计师 推荐 石材拼花

搭配要点 广泛应用于地面、墙面、台面等装饰 **价格区间** 200～600 元/m²

石材拼花以颜色、纹理、材质，加上人们的艺术构想，可以"拼"出精美的图案，体现欧式古典风格的雍容与大气。

护墙板

又称墙裙、壁板，一般采用木材等为基材，具有防火、施工简便、装饰效果明显等优点，广泛应用于欧式古典风格的家居。

搭配要点 通常运用在客厅与卧室之中 **价格区间** 80～500元/m²

欧式花纹壁纸

欧式花纹壁纸一般以华丽的曲线为主，尽量避免了直角、直线和阴影，看上去非常有质感，形成了特有的豪华、富丽风格。

 搭配要点 可在墙面大面积使用，也可结合护墙板局部点缀

 价格区间 200～600元/㎡

软包

软包是指一种在室内墙的表面用柔性材料加以包装的墙面装饰方法，所使用材料质地柔软、色彩柔和，可以柔化空间氛围。

 搭配要点 利用纵深的立体感提升家居档次

 价格区间 140～200元/㎡

天鹅绒

天鹅绒的制造工艺极其复杂精细，以紫红、墨绿、蟹青、古铜色为多，具有华美的气质，非常符合欧式古典风格的格调。

 搭配要点 根据家居整个色彩进行局部搭配

 价格区间 38～120元/㎡

风格家具

欧式古典风格中的家具讲求精雕细刻、精益求精，富于装饰性是其最大特点，充满了贵族气息，会令人联想到欧洲深厚的文化底蕴。其中，兽腿家具、贵妃沙发床在家居中的运用最为广泛，可以将欧式风情点染得淋漓尽致。

设计师 **推荐** **兽腿家具**

选购要点 要注意雕花纹饰的细节是否精美

价格区间 1500～5000元/个

兽腿家具具有繁复流畅的雕花，可以增强家具的流动感，也可以令家居环境更具质感，表现出古典艺术美。

色彩鲜艳的沙发

由于欧式古典风格追求华丽的色彩，因此在沙发的选择上，也遵循了这一特征，色彩鲜艳的沙发可以提升空间的美观度。

选购要点 注重美观度的同时，也不要忽略倚坐时的舒适度

价格区间 3000～10000元/个

贵妃沙发床

　　贵妃沙发床有着优美玲珑的曲线，沙发靠背弯曲，靠背和扶手浑然一体，可以传达出奢美、华贵的宫廷气息。

 选购要点　根据家居空间选择适合的尺寸

 价格区间　2000～6000元/个

欧式四柱床

　　四柱床起源于古代欧洲贵族，后来逐步演变成利用柱子的材质和工艺来展示主人的财富，在古典欧式风格中运用广泛。

 选购要点　根据需要也可以选购带有帐幔的形式

 价格区间　4000～9000元/个

床尾凳

　　床尾凳并非是卧室中不可缺少的家具，但却是欧式古典家居中具有代表性的设计，具有较强装饰性和少量的实用性。

 选购要点　对于经济状况比较宽裕的家庭建议选用

 价格区间　1000～3000元/个

风格饰品

欧式古典风格在饰品的选择上同样追求富贵、豪华，一般会选用花纹繁复、造型精美的饰品，来提升整体空间的格调。另外，像罗马帘、壁炉、欧式红酒架等独具欧式特色的饰品，也在家居设计中常常出现。

设计师 **1 推荐 水晶吊灯**

 选购要点 支架不能有变形、掉漆，玻璃中不要含有杂质

 价格区间 500～1000 元/个

灯饰设计应选择具有西方风情的造型，比如水晶吊灯，这种吊灯给人以奢华、高贵的感觉，很好地传承了西方文化的底蕴。

设计师 **2 推荐 罗马帘**

 选购要点 浅色空间窗帘色彩可随意，深色空间窗帘应浅淡

 价格区间 300～500 元/㎡

欧式古典罗马帘自中间向左右分出两条大的波浪形线条，其装饰效果非常华丽，可以为家居增添一份高雅古朴之美。

欧式地毯

　　欧式家居中的地毯材质以羊毛、混纺为主，花纹以欧式传统花纹居多，体现出雍容华贵的特征。

 反复摩擦，检查色牢度

 200～1500元/张

壁炉

　　壁炉是西方文化的典型载体，可以设计真的壁炉，也可以设计壁炉造型，辅以灯光，可以营造出极具西方情调的生活空间。

 壁炉的规格需要与居室面积相匹配

 600～4000元/个

西洋画

　　在欧式古典风格的家居空间里，可以选择用西洋画来装点空间，以营造浓郁的艺术氛围，表现主人的文化涵养。

 最好选购单幅大尺寸的装饰画

 200～1500元/幅

罗马柱

罗马柱的造型优美，极具欧式古典韵味，用于欧式古典家居的设计中，可以将居室的风格特征渲染到极致。

 选购要点 注意柱体花纹的精美度

 价格区间 600～3000元/根

雕像

欧洲雕像有很多著名的作品，将仿制雕像作品运用于欧式古典风格的家居中，可以体现出一种文化与传承。

 选购要点 选择经典欧式雕塑，如大卫、维纳斯等

 价格区间 100～350元/个

欧式红酒架

欧式红酒架的造型精美，极具装饰效果，用于欧式古典风格的家居中，既可以作为点缀，又能体现出主人的品位。

 选购要点 装饰性大于实用性

 价格区间 50～150元/个

案例解析

1 西洋画
2 壁炉
3 兽腿家具
4 罗马帘
5 色彩鲜艳的沙发

利用软装饰物中和欧式古典风格的沉稳

沉稳、厚重的色彩奠定了空间稳重的气质，大面积的仿古砖令居室的古典韵味更加深浓。为了避免单调，用西洋画、色彩鲜艳的沙发等装饰来丰富空间的色彩。

1 欧式花纹壁纸
2 红棕色系
3 欧式地毯
4 罗马柱
5 藻井式吊顶
6 拱门

欧式特有元素的大量运用令空间风格特征更明显

罗马柱与拱门的设计，在造型上丰富了空间的视觉层次，令空间更具流线美。壁纸与地毯则均采用了欧式传统的花纹，令空间的风格特征更加明显。

1 花纹石膏线

2 欧式门套

3 床尾凳

4 欧式四柱床

5 软包

6 护墙板

硬装+软装，双维度体现欧式古典风格的贵族特质

花纹繁复的石膏线为居室增添了唯美而精致的视觉效果，欧式四柱床和床尾凳的运用则将欧式风格的华贵感展露无遗；软包和护墙板柔化了墙面的表情，也令空间更具层次。

1 天鹅绒

2 拱形

3 水晶吊灯

4 黄色

墙、地、顶的设计均要体现欧式风格的华美风情

华丽的欧式吊灯成为居室中最吸睛的装饰品，而地面的石材拼花则令空间更具美感，黄色的石材墙面采用了大量的拱形设计，整个空间极具欧式古典风格的华美风情。

Part **7**
新欧式风格

新欧式风格在保持现代气息的基础上，变换各种形态，选择适宜的材料，再配以适宜的颜色，极力让厚重的欧式家居体现一种别样奢华的"简约风格"。在新欧式风格中不再追求表面的奢华和美感，而是更多地解决人们生活的实际问题。

风格色彩

新欧式风格在色彩上多选用浅色调，以区分古典欧式因浓郁的色彩而带来的庄重感。其中，白色、金色、黄色、暗红色是其风格中常见的主色调，体现出高雅、和谐的配色特点，给人以开放、宽容、非凡气度的感受。

设计师 **推荐** 白色/象牙白 **配色要点** 避免颜色单薄，可少量搭配彩色做点缀

新欧式风格不同于古典欧式风格喜欢用厚重、华丽的色彩，而是常选用白色或象牙白作底色，再糅合一些淡雅的色调，力求呈现出一种开放、宽容的非凡气度。

金色或银色

金色、银色给人以高雅、华美的视觉感受，非常适合新欧式风格的轻奢特征。最典型的搭配是与白色组合，纯净的白色配以金色、银色，可以营造出精美的室内风情。

配色要点 与黑色、蓝色、暗红色等搭配，具有低调的奢华感

风格形状及图案

新欧式风格由曲线和非对称线条构成，如花梗、花蕾、葡萄藤、昆虫翅膀以及自然界各种优美、波状的形体图案等，体现在墙面、栏杆、窗棂和家具等装饰上。线条有的柔美雅致，有的遒劲而富于节奏感，整个立体形式都与有条不紊的、有节奏的曲线融为一体。

装饰线

装饰线是指在石材、板材的表面或沿着边缘开的一个连续凹槽，用来达到装饰目的或突出连接位置。在新欧式风格的家中，装饰线的使用可以为居室带来更加丰富的视觉效果。

设计要点 多用于吊顶，也可以结合玻璃等材质设计

对称布局

新欧式风格的家居中，室内布局多采用对称的手法，来达到平衡、比例和谐的效果；另外对称布局还可以使室内环境看起来整洁而有序，与新欧式风格的优美、庄重感联系在一起。

设计要点 为了令布局不显得死板，家具造型可局部不同

风格材质

在新欧式风格的家居中，石膏板、石材、花纹壁纸是较为常见的装饰材料。另外，也会在局部使用铁制构件、玻璃、硬包等材质进行点缀装饰，体现出新欧式风格与传统欧式风格的区别，彰显出其风格追求精益求精的设计态度。

设计师 **推荐** **石膏板工艺**

搭配要点 可以作为吊顶造型，也适用于电视背景墙

价格区间 50～200元/张

石膏板的表现形式灵活、易于造型，可以令家居环境呈现出多样的视觉面貌，也符合新欧式风格追求华美的风格特征。

黄色系石材

新欧式风格的家居色彩擅用黄色系，因此黄色系石材被广泛运用。常见的有金丝米黄大理石、黄金麻大理石等。

搭配要点 通常作为墙面装饰出现，也可用于地面铺贴

价格区间 180～300元/m²

硬包

　　硬包与软包相对应，是指直接在基层木工板上做所需造型板材，边做成45°斜边，再用布艺或皮革装饰表面。

 搭配要点 通常以背景墙的形式出现

 价格区间 140～200元/㎡

花纹壁纸+护墙板

　　新欧式风格通常会将护墙板与花纹壁纸结合起来进行墙面设计，既符合欧式风格的选择特征，又不会显得过于单调。

 搭配要点 花纹壁纸的色调与护墙板的色调需要和谐

 价格区间 150～600元/㎡

丝绒面料

　　丝绒具有遮阳、透光、通风、隔热、防潮、易清洗等特点，用于新欧式风格的家居中，可以体现出家居的品质感。

 搭配要点 可以作为窗帘使用，也可以局部装饰墙面

 价格区间 30～100元/㎡

风格家具

新欧式风格是经过改良的古典主义风格，高雅而和谐是其代名词。在家具的选择上一方面保留了传统材质和色彩的大致风格，同时又摈弃了过于复杂的肌理和装饰，简化了线条。因此新欧式风格从简单到繁复、从整体到局部，精雕细琢，镶花刻金都给人一丝不苟的印象。

设计师 推荐

线条简化的复古家具

 选购要点 注意与居室的整体色彩保持协调性

 价格区间 1000～3000元/个

新欧式风格中的家具相对于古典欧式，线条较为简单，将古典风范与现代精神有机结合，使复古家具呈现出别样的面貌。

曲线家具

欧式风格的造型以曲线为主，也同样适用于家具之中。仅是一个精美的曲线沙发，就能为新欧式家居增色不少。

 选购要点 可以选择皮质，也可以选择布艺

 价格区间 2000～5000元/个

真皮沙发

真皮具有天然毛孔和皮纹，手感丰满、柔软，富有弹性，用于新欧式风格的家居中，可以体现出奢绮、精美的空间调性。

选购要点 沙发的扶手要有曲线造型

价格区间 4000～6000元/个

皮革餐椅

在餐厅摆放一套皮革餐椅，可以很好地凸显出新欧式风格的典雅、华贵风情。既实用，又独具装饰性。

选购要点 注意皮革材质的环保性

价格区间 300～1000元/个

雕花高背床

精美的雕花在欧式风格较为常见，一个带有雕花的高背床，运用在卧室中，可以更加凸显风格特征。

选购要点 注意雕花的精美度，不要出现漆膜掉落的现象

价格区间 2000～10000元/个

风格饰品

　　"形散神聚"是新欧式风格的主要特点，在注重装饰效果的同时，用现代的手法和材质还原古典气质。常用室内陈设品来增强历史文脉特色，也往往会照搬古典陈设品来烘托室内环境气氛，但更具唯美特性。

设计师 **推荐 帐幔**

选购要点 尽量选择浅色系的帐幔，更具唯美气息

价格区间 100～1000元/个

　　帐幔具有很好的装饰效果，既可以为居室带来浪漫、优雅的氛围，放下来时还会形成一个闭合或半闭合的空间，颇有神秘感。

线条繁复且厚重的 画框/相框/镜框

　　新欧式风格同样注重装饰线条的华美性，一般可以在相框、画框和镜框中的运用广泛，用繁复的花纹来体现风格特征。

选购要点 根据画作内容来选择画框花纹的繁复程度

价格区间 100～300元/个

欧风茶具

欧风茶具不同于中式茶具的素雅、质朴，而呈现出华丽、圆润的体态，用于新欧式风格的家居中可以提升空间的美感。

选购要点 可以选择骨质瓷，体现英式皇室气质

价格区间 200～800元/套

欧式花器

欧式花器一般具有华美的雕花，造型也较为圆润，体现出欧式风情的华贵姿态。材质采用陶艺、金属等。

选购要点 注意花器与插花的色彩搭配

价格区间 100～300元/个

天鹅陶艺品

天鹅是欧洲人非常喜爱的一种动物，其优雅曼妙的体态，与新欧式家居十分相配，因此天鹅陶艺品是经常出现的装饰物。

选购要点 陶艺品表面没有大量气泡，注意环保性

价格区间 80～500元/个（对）

案例解析

大量欧式元素塑造出精美的新欧式风格

整体白色系的空间奠定了新欧式风格清丽、精美的格调，石膏板雕花、欧风茶具、皮革餐椅等独具欧式风情的装饰，更加凸显出风格特质。

1 石膏板工艺

2 花纹壁纸+护墙板

3 线条繁复且厚重的镜框

4 白色

5 欧风茶具

6 皮革餐椅

利用色彩及软装打造具有皇室气息的新欧式家居

黄色系石材及金色地毯的运用，为空间蒙上了一层皇室气息；曲线家具以其圆润的造型成为空间中的吸睛装饰，而天鹅陶艺品则在细节处体现出浓郁的风格特征。

1 天鹅陶艺品

2 黄色系石材

3 装饰线

4 硬包

5 曲线家具

6 金色

对称布局+精美装饰，形成清雅的新欧式空间

以湖蓝色为基调的卧室体现出清雅的空间氛围，雕花高背床及帐幔形成了完美的装饰效果，为空间注入浪漫气息。而对称的空间布局则使居室看起来整齐而利落。

1 对称布局

2 帐幔

3 雕花高背床

4 线条简化的复古家具

5 丝绒面料

Part **8**

巴洛克风格

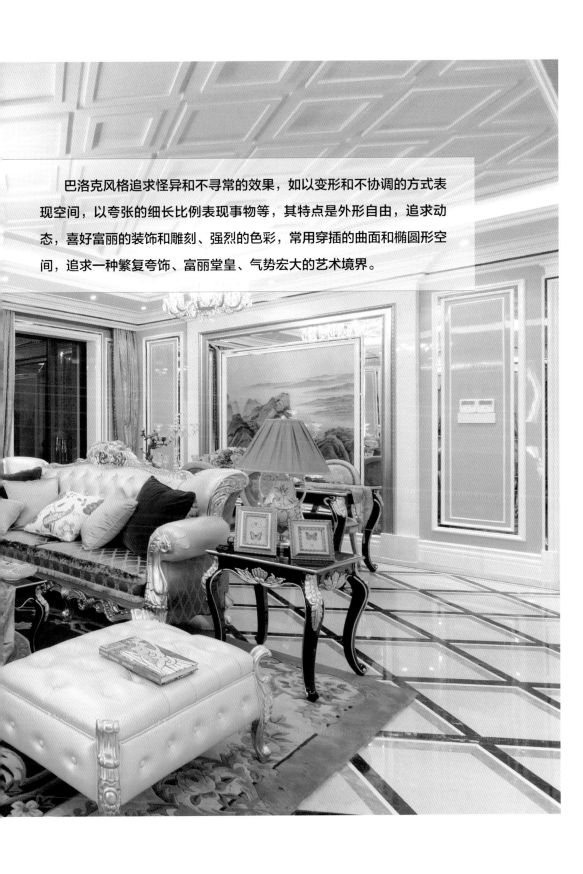

　　巴洛克风格追求怪异和不寻常的效果，如以变形和不协调的方式表现空间，以夸张的细长比例表现事物等，其特点是外形自由，追求动态，喜好富丽的装饰和雕刻、强烈的色彩，常用穿插的曲面和椭圆形空间，追求一种繁复夸饰、富丽堂皇、气势宏大的艺术境界。

风格色彩

巴洛克家居的色彩非常华丽，可以带来较为炫目的家居效果，形成强烈的视觉冲击力。在大面积采用饱和度较高的色彩同时，常常会用金色予以协调，体现出更加富丽堂皇的装饰效果。常见的色彩有紫色、橘黄色、藏蓝色等。

设计师 **推荐** **华丽的色彩**

配色要点 注意色彩之间的搭配，选取一个主题色即可

巴洛克风格的家居色彩往往十分华丽，采用多种颜色交互使用，给人以很强的视觉冲击力，也可以使人从中体会到一种冲破束缚、打破宁静的激情。

饱和度高的色彩

巴洛克风格往往追求色彩上的华丽感，因此饱和度较高的色彩较受欢迎，带来非常炫目的视觉效果，也令空间呈现出与众不同的装饰效果。

配色要点 一种饱和度较高的色彩+渐变色，用以调节空间配色

风格形状及图案

巴洛克风格在空间造型上以椭圆形、曲线与曲面几何图形等极为生动的形式，突破了古典及文艺复兴的端庄、严谨和谐、宁静的规则，强调变化和动感。在平面装饰上，则多见梅花形、圆瓣十字形等具有华美弧线的图案。

曲线

巴洛克风格的室内平面一般不会是横平竖直的，各种墙体结构都喜欢带有一些曲线，使空间具有一定的流动性，也丰富了空间的视觉层次。

 设计要点 常用L形、S形、C形等弯曲弧度

繁复的雕花

巴洛克风格追求奢靡与华丽，因此在家居中会采用大量繁复的雕花来凸显风格特征。常见的雕花设计在吊顶和墙面上，也会在家具中见到。

 设计要点 雕花设计不在多，而在于精美，且具有点睛作用

风格材质

巴洛克风格追求豪华、奢靡，炫耀财富，因此在家居装饰中会大量使用贵重的材料，如金箔贴面、青铜、宝石等。同时也会在墙面镶嵌大型镜面或大理石，来体现繁复的设计理念，并在线脚设计重叠的贵重木材镶边等。

金箔贴面

金箔贴面可以令居室呈现出金碧辉煌的装饰效果，且价格相对较高，可以充分体现出巴洛克风格的选材特征。

 搭配要点 一般在客厅大量使用，在其他空间作点缀使用

 价格区间 200～1500元/㎡

大型镜面/烤漆玻璃

巴洛克的家居中常会用大型镜面或烤漆玻璃来为居室带来炫目的效果，其中尤以深色烤漆玻璃最受欢迎。

 搭配要点 小尺寸烤漆玻璃镶嵌墙面，能形成独特的视觉效果

 价格区间 60～300元/㎡

风格家具

巴洛克家具的最大特色是使富于表现力的装饰细部相对集中，简化不必要的部分而强调整体结构。材料多用胡桃木、花梨木等硬木，并采用大面积的雕刻、花样繁多的装饰、描金涂漆的工艺等，令巴洛克家具充满韵味。

设计师 推荐 高靠背扶手椅

选购要点 注重美观度的同时，也要注意舒适度

价格区间 2000～5000元/把

高靠背扶手椅所有的木构件都是雕刻装饰，符合巴洛克风格对家具选择的诉求，且座面和靠背皆是华丽的织物包面。

雕刻家具

巴洛克家具强调雕刻的艺术，常采用曲面或者波折的流动变化线条让家具带有华美浓厚的效果。

选购要点 注意雕刻细节的精致程度

价格区间 2000～6000元/个

风格饰品

巴洛克风格的装饰常常体现出华丽的特征，常用华贵的织物、精美的油画、多彩的宫廷插花作品，来体现出风格的基本特质。也会将天顶画等独具教堂特色的装饰，用于在家居设计中，形成神秘的宗教特色。

设计师 推荐 **宫廷插花**

设计要点 在色彩上可以较为绚丽，形成视觉冲击力

价格区间 100～500元/束

欧式宫廷插花的花材一般花型大、花瓣繁复，与巴洛克风格追求繁复与华丽的理念相符。

巴洛克可调台灯

巴洛克可调光台灯一方面体现古典、华丽、传统，另一方面却是创新、且具有讽刺性，吻合巴洛克风格离经叛道的设计理念。

选购要点 注意灯罩的特殊接合设计

价格区间 150～400元/个

天顶画

　　"天顶画"多用于教堂，以宗教题材为主，体现出浓郁的神秘感，被广泛地应用于巴洛克风格的居室中。

 选购要点 结合空间环境选择适合的题材

 价格区间 40~800元/㎡

贵族壁画/装饰画

　　巴洛克风格追求贵族气质，因此也常会采用带有贵族生活题材的装饰画或壁画来装点家居。

 选购要点 根据墙面尺寸选择适宜的装饰画作

 价格区间 200~500元/幅

镀金装饰品

　　镀金装饰品所独有的华贵气息十分吻合巴洛克风格的特质，运用在家居中，可以令居室体现出金碧辉煌的视觉感受。

 选购要点 避免选购镀层有破损的装饰品

 价格区间 100~500元/个

案 例 解析

深浅不一的紫色为空间带来华丽而神秘的氛围

空间在色彩上的运用较为大胆，深浅不一的紫色系令空间充满了华丽而神秘的色彩，再加上宫廷插花与繁复的镜面装饰，整个空间显得复古而奢华。

1 曲线

2 宫廷插花

3 华丽的色彩

镀金装饰+繁复雕花，打造异常华美的巴洛克风情

1 繁复的雕花

2 高靠背扶手椅

3 雕刻家具

4 镀金装饰品

整体空间中采用了大量的镀金装饰，为客厅带来金碧辉煌的视觉效果。而家具及装饰物上的繁复雕花，则令空间呈现出极其华美的巴洛克风情。

绚丽色彩+风格装饰，体现出浓郁的巴洛克风情

饱和度较高的红色墙面与金箔贴面的吊顶为空间带来了强烈的视觉冲击力，搭配贵族装饰画及巴洛克可调台灯，整个空间的巴洛克气息十分浓郁。

1 金箔贴面

2 贵族装饰画

3 饱和度高的色彩

4 巴洛克可调台灯

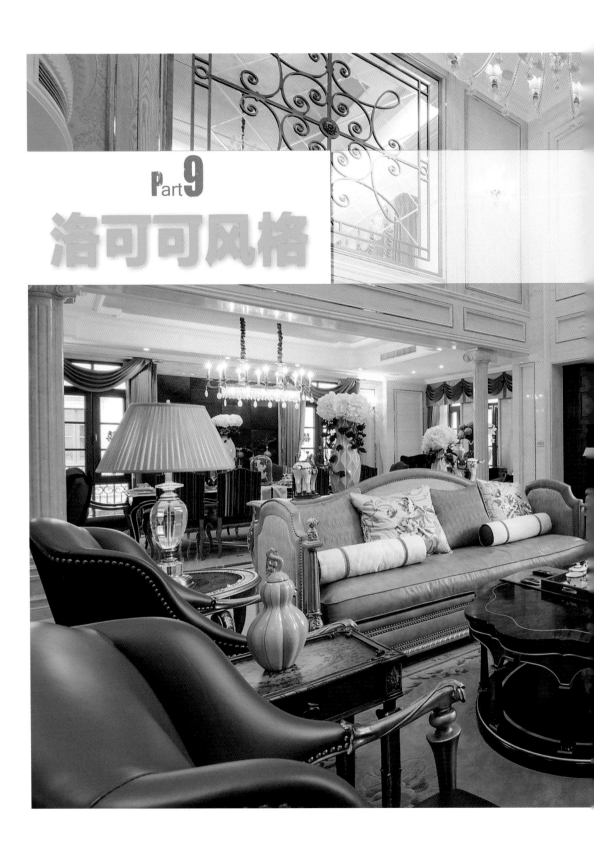

Part 9
洛可可风格

　　洛可可风格是在巴洛克式建筑的基础上发展起来的，总体特征为轻快、华丽、精致、细腻、繁复、纤弱、柔和，追求轻盈纤细的秀雅美，反映了法国路易十五时代宫廷贵族的生活趣味，曾风靡欧洲。

风格色彩

相比巴洛克风格的威严壮丽，极尽浮夸奢华，洛可可风格更为女性化，并且柔美、纤巧、华美、富丽。其配色十分娇艳明快，同时在线脚大量使用金色的装饰线，最终构成了富丽华贵的室内空间效果。

设计师 **推荐** 明快的色彩

配色要点 色彩不追求浓烈，但要色泽明亮、多样

洛可可风格有别于巴洛克风格的色彩强烈、装饰浓艳。家居色彩大多呈现出雅致明快的特征，如象牙白、浅绿、粉红等都是比较常用的色彩。

撞色

撞色是指对比色搭配，包括强烈色配合和补色配合。强烈色配合指两个相隔较远的颜色相配，这种配色比较强烈；补色配合则指两个相对的颜色的配合。

配色要点 黄+紫、红+青绿、绿+橙、黑+白等

风格形状及图案

洛可可风格最显著的空间特色就是常采用不对称手法，及喜用弧线和S形线，并以自然界中的动物、植物形象作为主要的装饰语言，同时将叶子和花纹交错穿插在岩石或贝壳图案之间，形成变化万千的空间形态。有时吊顶和墙面还常以弧面相连。

设计师 **推荐** **不对称**

设计要点 利用相对均衡弥补不对称产生的不稳定感

洛可可风格外形轮廓不规则的形式遮住了传统的结构，熟悉的雕刻形式与令人耳目一新的图案有机地融合在一起，没有规则也不会间断。

褶皱

岩石极其变形在洛可可家居中较为常见，岩石所特有的褶皱形态经常会用到家居设计中，体现出繁复、多样的视觉变化，也令空间层次更加丰富。

设计要点 多用在窗帘等软装设计中

涡纹

　　涡纹的特征是圆形，内圈沿边饰有旋转状弧线，中间为一小圆圈，似代表水隆起状，圆形旁边有五条半圆形的曲线，似水涡激起，用于巴洛克风格的家居中可以体现繁复的设计理念。

 设计要点 广泛运用于软装及立面结构中

华丽的纹饰

　　洛可可风格追求华丽、奢靡、女性化的设计，因此在家居中会出现大量华丽的纹饰，来表达洛可可风格的设计理念，这些纹饰既可以出现在吊顶、墙面，也会在软装及家具中用到。

 设计要点 可以大量使用，充分表达洛可可风格的特征

贝壳、岩石形状

　　洛可可的本意即含有"贝壳"的意思，因此在家居中常常出现模仿贝壳、岩石外形的复杂波浪曲线，其中家具的表现形式最为明显，再并配以精细纤巧的雕饰，给人以流畅的动感。

 设计要点 家具、装饰、立面结构中均会用到

风格材质

洛可可风格的室内材质多采用大理石、石膏泥灰、雕刻护墙板等。其中雕刻护墙板是最常用的墙面装饰材质，有时会做成精致的框格，框内四周有一圈花边，中间常衬以浅色东方织锦，表现出精美而华丽的风格特征。

设计师推荐 雕刻护墙板

| 搭配要点 | 既可以单独使用，也可以结合壁纸设计 | 价格区间 | 300～700元/m² |

护墙板在欧式风格中会经常用到，洛可可家居中的护墙板一般都会带有雕刻纹样，充分表达出其风格追求细节美化的特征。

织锦

织锦是指用染好颜色的彩色经纬线，经提花、织造工艺而织出图案的织物，具有非常华美的花纹，曾一度为宫廷用品。

| 搭配要点 | 织锦的使用要令居室氛围华美 | 价格区间 | 50～150元/m² |

风格家具

洛可可风格家具吸取巴洛克家具造型装饰的同时，排除了其造型装饰追求豪华、故作宏伟的成分，夸大了曲面多变的流动感。在漆色方面，洛可可采用的多是柔和的米黄色或米白色，材质上多为木材配以色彩淡雅秀丽的织锦或刺绣包衬，实现艺术与功能的完美统一。

设计师 推荐 ## 纤细弯曲的尖腿家具

选购要点 注意与兽腿家具的区分

价格区间 2000～6000元/个

这种家具起源于法国君主路易十五，用纤细弯曲的尖腿家具代替了粗大扭曲腿部的家具，可以很好地体现出女性的柔美。

描金漆家具

黑色漆地或红色漆地与金色的花纹相衬托，具有异常纤秀典雅的造型风格，是洛可可家居中经常用到的装饰家具。

选购要点 注意漆色的平整度，五金件是否牢固

价格区间 1000～5000元/个

风格饰品

洛可可的家居风格中，常用带有自然主义倾向的装饰物来装点家居，比如山石、花草等。室内空间中常会镶嵌绘画和镜子，形成一种轻松、闪耀而虚幻的装饰效果。另外，装饰品常以青铜制品镶金箔处理。

自然主义倾向的装饰物

洛可可风格的装饰物往往具备自然主义的倾向，因此自然界中的原始装饰物经常出现在家居中，比如山石、花草等。

 设计要点 既可以是装饰品，也可以作为纹样出现在墙面

 价格区间 装饰品100~500元/个

烛台

烛台上面或锻造、或雕镂、或彩绘、或以倒模工艺铸造出各种纹饰，造型优美，非常适合洛可可家居。

 选购要点 根据家居设计选择相适宜的烛台

 价格区间 50~500元/个

案例 解析

明快的色彩与撞色设计，令洛可可家居极具视觉冲击力

空间配色明快且带有撞色效果，带来极具冲击力的视觉观感，也令洛可可家居充满了女性化与童趣特征。涡纹雕饰和褶皱的装饰纹样，令家居呈现出奢华味道。

1 撞色

2 涡纹雕饰

3 明快的色彩

4 褶皱

利用家具及饰品营造洛可可风格的秀美气息

餐厅中的装饰极具法式风情，描金漆家具及带有华丽纹饰的家具无不为空间增添了精致与唯美的气息。餐桌上贝壳形状的餐巾与烛台，在细节处体现出巴洛克风格的秀美。

1 贝壳形状

2 烛台

3 华丽的纹饰

4 描金漆家具

独具特征的装饰令空间中的洛可可风格更加明显

空间设计在色彩上较为清雅，却用雕刻护墙板与织锦来增添室内墙面的精美度；纤细弯曲的尖腿家具与自然主义倾向的沙发令居室的风格特征更加明显。

1 雕刻护墙板

2 自然主义倾向的装饰物

3 织锦

4 纤细弯曲的尖腿家具

Part 10
美式乡村风格

美式乡村风格摒弃了烦琐和豪华，并将不同风格中的优秀元素汇集融合，以舒适为向导，强调"回归自然"。在室内环境中力求表现悠闲、舒畅、自然的乡村生活情趣，注重家庭成员间的相互交流，注重私密空间与开放空间的相互区分。

风格色彩

美式乡村风格具有质朴而实用的效果，在配色上强调"回归自然"，以自然色调为主，绿色、土褐色最为常见，特别是在墙面色彩选择上，自然、怀旧、散发着浓郁泥土芬芳的色彩是美式乡村风格的典型特征。

设计师 推荐 **棕色系/橡胶色**

配色要点 不太适用于小的空间

此类色彩是接近泥土的颜色，常被联想到自然、简朴，意味着体现收获的时节，因此被广泛地运用于美式乡村风格的家居中。此外，这种色彩还会给人带来安全感，有益于健康。

绿色系

美式乡村风格追求自然的韵味，其中绿色系最能体现大自然所表现出的生机盎然气息，无论是运用于家居中的墙面装饰，还是运用在布艺软装上，无不将自然的情怀表现得淋漓尽致。

配色要点 可以和褐色系搭配运用，调和风格特征的沉闷感

风格形状及图案

　　美式乡村风格常会运用圆润的线条来作为墙面及门窗的设计，体现出其追求自然、自由的风格特征。在室内装饰图案上，自然界中的植物、花卉图案，以及鸟虫鱼等图案都较为常见。另外，一些具有爱国特征的图案，如白头鹰等，也会经常出现。

设计师 **推荐** 圆润的线条

设计要点 如果面积有限，只做点缀出现即可

　　美式乡村风格的居室一般要尽量避免出现直线，经常会采用像地中海风格中常用的拱形垭口，其门、窗也都圆润可爱，这样的造型可以营造出美式乡村风格的舒适和惬意感觉。

鹰形图案/鸟虫鱼图案

　　白头鹰是美国的国鸟，在美式乡村风格的家居中，这一象征爱国主义的图案也被广泛地运用于装饰中，比如鹰形工艺品，或者在家具及墙面上体现这一元素。

设计要点 也常出现鸟虫鱼图案，体现出浓郁的自然风情

风格材质

美式乡村风格在材质上追求自然效果，因此石材、红砖等均很常见。壁纸多选用大花纹的纯纸浆质地；此外布艺也是美式乡村风格中重要的运用元素，因为布艺的天然感与乡村风格能很好地协调，其中本色的棉麻是主流。

设计师 **推荐** **1** | **自然裁切的石材**

搭配要点 可在墙面小面积进行装饰 | **价格区间** 280～560 元/㎡

自然裁切的石材符合乡村风格选择天然材料的要点，自然裁切的特点又能体现出美式乡村风格追求自由、原始的特征。

设计师 **推荐** **2** | **砖墙**

搭配要点 可整面墙使用，也可以做造型设计 | **价格区间** 90～140元/㎡（施工价格）

红色砖墙在形式上古朴自然，与美式乡村风格追求的理念相一致，独特的造型也可为室内增加一抹亮色。

硅藻泥墙面

美式乡村风格的居室内用硅藻泥涂刷墙面，既环保，又能为居室创造出古朴的氛围。

 搭配要点 常搭配实木造型涂刷在沙发背景墙或电视背景墙上

 价格区间 80～210元/㎡

做旧圆柱造型

做旧圆柱材质不受限制，可以是木材制成的，也可以是大理石制成的；常搭配弧形造型出现。

 搭配要点 设计成垭口，或紧靠墙面搭配藻泥形成墙面造型

 价格区间 3000～6800元/个（需定制）

仿古地砖

仿古地砖其本身的凹凸质感及多样化的纹理选择，可使铺设防古地砖的空间充满质朴和粗犷的味道。

 搭配要点 容易与美式乡村风格的家具及装饰品搭配

 价格区间 160～320元/㎡

风格家具

美式乡村风格的家具通常简洁爽朗，线条简单、体积粗犷，其选材也十分广泛，如松木、枫木等，家具一般不用雕饰，保有木材原始的纹理和质感，还会刻意添上仿古的瘢痕和虫蛀的痕迹，创造出一种古朴的质感。颜色多仿旧漆，式样厚重，带给人自然且舒适的感觉。

| 设计师 推荐 | 粗犷的
木家具 | | **选购
要点** | 最好成套选购，保持统一的家居风格 | **价格
区间** | 5000～10000
元/个 |

家具主要以殖民时期为代表，质地厚重，坐垫也加大，气派而且实用，展现出原始粗犷的美式风格。

做旧处理的
实木沙发

美式乡村风格的沙发体形庞大，实木靠背常雕刻复杂的花纹造型，并有意给实木的漆面做旧，产生古朴的质感。

| **选购
要点** | 注意雕刻做工是否细致 | **价格
区间** | 7500～14000
元/个 |

皮沙发

　　皮沙发是采用动物皮，经过特定工艺加工成，能展现出动物皮自然的花纹美，同时粗犷的特征也十分吻合美式乡村风格。

 选购要点　无刺鼻气味，表面滑爽、柔软，充满弹性

 价格区间　3000～8000元/个

木色斗柜

　　斗柜多雕刻复杂的花式纹路，并喷涂木器漆，使斗柜保持原木的颜色与纹理，十分符合美式乡村风格的装修理念。

 搭配要点　上面摆放美式乡村工艺品，可令空间更具氛围

 价格区间　1800～2500元/个

深色实木双人床

　　实木双人床的四柱较高，且同样有雕刻造型。这类深色实木双人床，是典型的美式乡村风格家具。

 选购要点　配有高挑的床头，床头雕刻有花纹造型

 价格区间　6200～8400元/个

风格饰品

美式乡村风格的装饰物十分多样，非常重视生活的自然舒适性，突出格调清婉惬意，外观雅致休闲。各种繁复的花卉植物是美式乡村风格中非常重要的运用元素。而像铁艺饰品、磁盘等也是美式乡村风格空间中常用的物品。

设计师推荐 1 铁艺灯具

搭配要点 可选购带有蜡烛形式的铁艺灯具，更具风格特征

价格区间 2000～3500元/个

铁艺灯具是典型的美式乡村风格灯具，色调以暖色为主，散发出温馨柔和的光线，更能衬托出美式乡村家居的自然与拙朴。

设计师推荐 2 自然风光的油画

搭配要点 多会选择一些大幅的油画来装点墙面

价格区间 450～760元/幅

大幅自然风光的油画其色彩的明暗对比可以产生空间感，适合美式乡村家居追求阔达空间的需求。

大花纹布艺窗帘

美式乡村风格的卧室一般会选择纹理样式丰富、色调沉稳的大花布艺窗帘，令美式风格更加浓郁。

 选购要点 需要与空间内的家具、装饰品融合为一体

 价格区间 80～110元/米

金属工艺品

金属工艺品的样式包括，羚羊金属造型、雄鹰金属造型或建筑金属造型等。这类工艺品或者是银白色、或者是黑漆色等。

 选购要点 结合空间内的实木家具，可提升古朴质感

 价格区间 150～200元/个

绿叶盆栽

美式乡村风格非常善于利用设置室内绿化，来创造自然、简朴、高雅的氛围，通常会将大型盆栽和小型绿植搭配运用。

 选购要点 挑选健康、无虫害的绿植

 价格区间 80～120元/个

案例 **解析**

圆润线条与花草图案最能展现美式乡村风格的自然性

卧室墙面采用圆润线条的护墙板结合花草壁纸设计，充分体现出美式乡村风格的自然特性。深色实木双人床和木色斗柜与地面色彩一起为居室奠定了古朴的基调。

1 圆润的线条

2 木色斗柜

3 鸟虫鱼图案

4 深色实木双人床

5 铁艺灯具

美式乡村风格应将古朴与自然结合设计

1 砖墙
2 绿叶盆栽
3 棕色系
4 仿古地砖
5 自然风光的油画

大面积的仿古地砖以及砖墙设计，为居室奠定了美式乡村风格的古朴基调；而自然风光的油画、绿叶盆栽的运用，则为空间增添了生机盎然的自然气息。

利用色彩与家具造型体现美式乡村风格的粗犷特性

1 自然裁切的石材
2 金属工艺品
3 粗犷的木家具
4 皮沙发

绿色系与棕色系结合设计的家居，充分体现出美式乡村风格追求古朴、自然的特征。自然裁切的石材与厚重的木家具则将美式风格的粗犷特征展露无遗。

Part **11**

法式田园风格

　　法式田园风格最突出的特点是生活气息浓郁、悠闲、清适，这些特征可以从法国人的生活习性得出结论。法式田园风格比较注重营造空间的流畅感和系列化，很注重色彩和元素的搭配，最符合有现代小女人情结的女士居住。

风格色彩

由于法国人比较喜欢白、蓝、红三种颜色，因此，在色彩设计上应以明媚的色彩设计方案为主色调，忌用过于馥郁浓烈的色彩，以及强色彩对比来表现法式田园风格。另外，薰衣草特有的紫色，与南法向日葵的黄色系，也是家居中的常用色系。

红色系

法式田园风格的色彩主要以柔和、优雅为主。但是由于法式田园风格非常具有女性化特征，因此浅粉、红色等女性色系，都是十分适合法式田园风格的色彩。

配色要点 可以利用红色的深浅变化来丰富空间的层次

紫色系

提起法国，大多数人都会想到薰衣草。因此，紫色这一带有浓郁法式风情的色彩，在法式田园风格的居室中得到广泛的运用，呈现出浓郁的自然风情。

配色要点 最好作为点缀使用，大面积使用会产生压抑感

风格形状及图案

法式田园风格往往会体现出浓郁的女性化特征，因此，各种花边在布艺装饰中的运用十分广泛。另外，独具法式风情的图案，以及花草图案也常常被运用到墙面或软装饰品的设计之中。而曲线、弧形等线条则能令空间更具柔美特色。

设计师 **推荐 花边**   **设计要点** 结合布艺设计，作为独具特色的装饰

花边是一种非常女性化的装饰，因此常常用于法式田园风格之中，比如带花边的床单，或者电视、小家电的遮盖物等。柔美的花边可以令居室氛围呈现出浓郁的女性特质。

法式风情图案

埃菲尔铁塔、香水、鸢尾、云雀等具有法式风情的图案会运用到家居的设计中，体现出法式风格的浪漫、唯美特征，也令家居中的自然气息更加浓郁。

 设计要点 广泛运用在墙面和布艺中

风格材质

法式田园风格追求自然，因此在材料的选择上也多为自然材质，如木、藤等。其中，木材以樱桃木和榆木居多。而像花砖、花纹壁纸这些能很好体现女性特征的材料，在家居中也会经常用到。另外，造型优雅、唯美的铁艺，也是法式田园风格中的常见材料。

天然材料

木、藤、石材等这些未经加工或基本不加工就可直接使用的材料，其原始自然感可以体现出法式田园的清新淡雅。

 可做墙面造型，体现家居的自然风情

 150～500元/㎡

花卉壁纸

法式田园风格中，材质方面喜欢运用花卉图案的壁纸，来诠释出法式田园风格的特征，同时营造出一种浓郁的女性气息。

 根据需要选择大花壁纸、碎花壁纸或花草纹壁纸

 200～600元/㎡

风格家具

法式田园家具的尺寸一般来讲比较纤巧，而且家具非常讲究曲线和弧度，极其注重脚部、纹饰等细节的精致设计。很多家具还会采用手绘装饰和洗白处理，尽显艺术感和怀旧情调。此外，一些仿法式宫廷风格的家具，在条件允许的情况下，也可以选择使用。

设计师**推荐** 象牙白家具

搭配要点	结合灯光设计，更显柔和、温情	**价格区间**	2000～5000元/个

象牙白可以给人带来纯净、典雅、高贵的感觉，也拥有着田园风光那种清新自然之感，因此很受法式田园风格的喜爱。

铁艺家具

铁艺家具以意大利文艺复兴时期的典雅铁艺家具风格为主流。其优美、简洁的造型，可以令整个家居环境更有艺术性。

选购要点	铁艺家具的体量一般较小，茶几、边几等较适用	**价格区间**	300～1500元/个

风格饰品

法式田园风格家居中的饰品一定要体现出浓郁的田园风情，以及唯美的女性化特征。因此，粗糙的陶罐、手绘图案的钵碗、藤制编织的篮筐是很常见的装饰。此外，在窗台上最好摆放几盆新鲜的香草植株，或者在墙壁、窗沿下悬挂几束干燥的香草枝，极尽法式情怀。

设计师推荐 1 田园灯

| 选购要点 | 可以同时选购台灯、壁灯及落地灯进行搭配 | 价格区间 | 80～500元/个 |

法式田园台灯的材质既可以是布艺，也可以是琉璃玻璃，都可以很好地体现出法式风格唯美气息。

设计师推荐 2 薰衣草

| 搭配要点 | 干花和鲜花均十分适用 | 价格区间 | 20～50元/束 |

薰衣草是法式田园风格最好的配饰，因为它可以最直接地传达出法式田园的自然气息。

带流苏的窗帘

流苏为一种下垂的以五彩羽毛或丝线等制成的穗子，极具女性妩媚的特征，因此经常被用到法式田园风格的窗帘设计之中。

 选购要点 注意计价方式，是单个计价，还是和窗帘整体计价

 价格区间 30～100元/个（单个计价）

法式花器

法式花器的色彩往往高贵典雅，图案柔美浪漫，器形古朴大气，可以令室内气氛呈现出优雅、生动的美感。

 选购要点 既可单独随意摆放，也可插上高枝的仿真花

 价格区间 30～500元/个

藤制收纳篮

藤制收纳篮所具有的自然气息，能够很好地展现法式田园风格。同时其实用功能也十分适用于餐厅。

 选购要点 韧性强、不易断裂，没有虫蛀的痕迹

 价格区间 50～5400元/个

天然材质令法式田园餐厅极具自然风情

　　大量天然材料的使用，如木椅、藤制收纳篮等，使餐厅充满了自然风情；大面积的碎花壁纸则成为居室中的吸睛装饰，与薰衣草形成形态上的呼应。

1 红色系

2 天然材料

3 碎花壁纸

4 薰衣草

5 藤制收纳篮

独具法式风情的装饰将居室的风格特征渲染到极致

1 法式风情图案

2 花边

3 流苏

4 象牙白家具

　　流苏、花边等具有女性化特征的装饰令居室充满了唯美气息；而埃菲尔铁塔这一独具法式风情的装饰物，将卧室的风格特征渲染到极致。

紫色系墙面营造出浓郁的普罗旺斯气息

1 紫色系

2 田园灯

3 法式花器

　　紫色系墙面、法式花器，以及田园灯的运用，令卧室空间呈现出浓郁的普罗旺斯薰衣草庄园的气息，也令自然的气息弥漫于整个卧室空间。

Part **12**
英式田园风格

英式田园风格大约形成于17世纪末，属于自然风格的一支，主要是人们看腻了奢华风，转而向往清新的乡野风格。在室内环境中力求表现悠闲、舒畅、自然的田园生活情趣，巧于设置室内绿化，创造自然、简朴、高雅的氛围。

风格色彩

由于英式田园风格会大量用到木材，因此色彩上以木色居多，再搭配暖黄色的光线，可以带来温暖而淳朴的视觉感受。另外，英式田园风格有别于法式田园风格追求绚烂的色彩，一般喜欢用清新淡雅的颜色来表达空间氛围。

木色

在英式田园风格中，往往会用到大量的木材，因此木色在家中曝光率很高，而这种纯天然的色彩也可以令家居环境显得自然而健康。

配色要点 搭配暖黄色系，可以令家居环境更显温暖

清新淡雅的颜色

由于英式田园风格摒弃奢华、繁复，因此清新淡雅的色彩在家居配色中较受欢迎。常见的色彩有米色、浅蓝色、浅绿色等。既可以在墙面大面积使用，也可以作为点缀色出现。

配色要点 配色时可在明度上作对比区分层次

风格形状及图案

和大多田园风格一样，英式田园风格家居中的线条也同样以流畅为主，会出现适当的拱形装饰。而像碎花、格子、条纹等田园风格中常见的装饰图案，在英式田园风格的家居空间中也会被大量使用，充分显示出自然风情。

设计师推荐 **碎花、格子、条纹**

设计要点 墙面和布艺的花纹图案最好有所区分

英国人特别喜爱碎花、格子、条纹图案，因此在布艺、墙面上会经常见到这些元素，充分衬托出英国田园居室独特的风格。其中，小碎花图案是英式田园调子的主角。

雕花

在英式田园家居中虽然没有大范围华丽繁复的雕刻图案，但在其家具中，如床头、沙发椅腿、餐椅靠背等地方，总免不了适量浅浮雕的点缀，让人感觉到一种严谨细致的工艺精神。

设计要点 雕花的应用相对收敛，且雕刻图案立体感较强

风格材质

英式田园风格的家居设计关键在于在体现出淳朴、自然的家居风情。因此，在材料的选用上，会大量用到木材，既可利用木纹饰面板、实木线条装饰墙面，也会大量运用在家具中。另外，布艺墙纸以其特有的质感，也被英式田园风格的家居常常用到。

布艺墙纸

布艺墙纸是英式田园风格家居中的常用材料，不讲求"留白"，喜欢在墙面铺贴各种墙纸布艺，以求令空间显得更为丰满。

搭配要点	不同空间用不同的布艺墙纸作为主题
价格区间	200～1000元/㎡

木材

英式田园的家居风格中，在木材的选择上多用胡桃木、橡木、樱桃木、榉木、桃花心木、楸木等木种。

搭配要点	可粉刷成奶白色做点缀，令整体空间更优雅、细腻
价格区间	100～600元/㎡

风格家具

英式田园家具的特点主要在华美的布艺以及纯手工的制作，布面花色秀丽，多以纷繁的花卉图案为主。家具色彩多以奶白、象牙白等白色为主，以高档的桦木、楸木等作框架，配以高档的内板、优雅的造型，以及细致的线条和高档油漆处理。

设计师 推荐 **手工沙发**

搭配要点 注重面布的配色与对称之美，可选浓烈的花卉图案

价格区间 1500～3000 元/个

手工沙发在英式田园家居中占据着不可或缺的地位，大多是布面的，色彩秀丽、线条优美；其柔美是主流，但是很简洁。

胡桃木家具

胡桃木的弦切面为美丽的大抛物线花纹，表面光泽饱满，品质较高，符合中产阶级的审美要求，在英式田园家居中较常用到。

选购要点 主要颜色和木纹要对称

价格区间 600～1450 元/个

风格饰品

在英式田园风格的开放式空间结构中，随处可见花卉绿植、各种花色的优雅布艺，以及带有英伦风情的装饰物，所有的装饰都力求从整体上营造出一种田园气息。另外，陶瓷工艺品、木相框墙、盘状挂饰等也是比较出彩的设计。

设计师 推荐

英伦风装饰品

搭配要点 米字图案小挂件、英国士兵、英式茶具等

价格区间 30～100元/个（套）

英伦风的装饰品可以有很多的选择，可以将这些独具英式风情的装饰品装点于家居环境中，为家中带来强烈的异国情调。

盘状挂饰

挂盘形状以圆形为主，可以利用色彩多样、大小不一的形态，在墙面进行排列，使之形成空间的靓丽装饰。

选购要点 可以选择独有田园图案的挂盘来迎合风格

价格区间 160～260元/组

木质相框

　　木质相框常见的材料有杉木、松木、柞木、橡木等，能够体现出强烈的自然风情，因此非常适用于英式田园风格的家居。

选购要点 无毛刺，漆面光亮、平整

价格区间 10～200元/个（组）

复古花器

　　在英式田园风格的家居中，花草装饰必不可少，因此需要有相应的花器来搭配，其中以带有复古气息的花器最为适合。

选购要点 以铸铁、陶艺材料最为适用

价格区间 60～150元/个

墙裙

　　墙裙又称护壁，是在四周墙上距地一定高度（例如1.5m）范围之内用装饰面板、装饰壁纸等材料包住，常用于卧室和客厅。

选购要点 格子及条纹图案的防水壁纸最为适用

价格区间 100～400元/m²

案例 解析

淡雅色彩＋暖材质运用，形成暖意的空间氛围

居室的整体色彩清新而淡雅，手工沙发、木质相框等暖材质的运用，与家居配色形成很好的互融，带来温馨而具有暖意的空间氛围。

1 复古花瓶
2 清新淡雅的颜色
3 英伦风装饰品
4 木质相框
5 手工沙发

带有精美雕花的胡桃木家具，形成精致的居家氛围

大量胡桃木家具的运用，搭配仿古地砖与布艺墙纸，形成复古的居室氛围。另外，家具上的精美雕花，体现出英式田园风格追求精致的设计理念。

1 条纹
2 雕花
3 胡桃木家具
4 布艺墙纸色

木色+特色装饰，令英式田园风格更加深浓

大面积的碎花地毯成为空间中极其吸睛的视觉焦点，令木色的空间环境在色彩上变得丰富而多彩。另外，盘状装饰则加深了英式田园风格的基调。

1 木材
2 碎花
3 盘状装饰
4 木色

Part **13**
韩式田园风格

韩式田园风格并没有一个具体、明确的说法，更没有一个固定、准确的概念。装修风格往往给人以唯美、温馨、简约、优雅的印象，同时散发着一种干净温馨的家居氛围。另外，家居空间讲究层次感，依据住宅使用人数和私密程度不同，使用屏风或木隔断作为分隔。

风格色彩

　　韩式田园风格在配色上一般以清新淡雅的色彩为其主调，其中尤其以绿色系最受欢迎，可以轻易营造出带有田园风情的家居氛围。另外，韩式田园风格也喜欢用白色+粉色的配色形式，来体现出空间唯美气息。

设计师 推荐 白色+粉色

 配色要点 两种色调选一种为主色调，另外一种做搭配

　　韩国是一个偏爱白色的国度，韩国人认为白色是纯洁的色彩。而粉色系所拥有的淡雅与浪漫也是韩式家居所钟爱的，因此这两种色彩的合理搭配，在韩式家居中经常用到。

清雅绿色系

　　绿色具有稳定、平和的装饰效果，能够营造出充满生机感和惬意感的田园氛围。另外，绿色与白色的组合，可以使家居环境显得明快，而与米色组合则能显示出温馨的家居氛围。

 配色要点 在家居中一般会作为主角色使用

风格形状及图案

韩式田园风格的空间多采用简洁、硬朗的直线条，这种设计迎合了韩式田园家居追求内敛、质朴的设计风格。另外，家居墙面及布艺织物的图案以花草纹饰和蝴蝶为主，充分体现出韩式田园风格的自然感。

蝴蝶图案

蝴蝶图案在韩式家居风格中的出现频率较高，因为这种小生物可以体现出女性的轻盈与美丽，与韩式家居追求甜美温馨的理念相得益彰。

设计要点 广泛运用于家具、布艺、织物、饰品等

花草纹饰

花草纹饰在韩式田园家居中的运用非常广泛，可以充分体现出空间的自然气息。既可以选用花草纹饰的壁纸，也可以在软装饰中大量使用花草纹饰。

设计要点 最好与其他图案搭配使用，否则会使空间显得杂乱

风格材质

　　韩式田园风格的用料崇尚自然，如砖、陶、木、石、藤、竹等。在织物质地的选择上多采用棉、麻等天然制品，其质感正好与韩式田园风格不事雕琢的追求相契合。同时，具有唯美特色的蕾丝，在家居中也会经常用到。

设计师 **推荐 蕾丝**

搭配要点 通常在床品中出现，如四件套、帐幔等

价格区间 蕾丝四件套 150～300元/套

　　蕾丝的特点是设计秀美，工艺独特，图案花纹有轻微的浮凸效果，这种若隐若现的特质可以把女性的娇媚修饰得恰到好处。

棉麻

　　棉麻制品可以很好地凸显出田园风格亲近自然的特征，并且具有舒适、透气的优点，因此在韩式田园风格中运用广泛。

 搭配要点 一般广泛运用与床品、沙发套、餐椅套中

 价格区间 床品300～800元/套

风格家具

韩式田园风格中的家具多以原木材质为主，刷上纯白瓷漆、油漆，或体现木纹的油漆等。家具在摆放时，整体状态呈现不完全矩形，以一种轻松的态度对待生活，更能体现出韩式田园的风格特征。

设计师推荐 **1 低姿家具**

 选购要点 注意家具之间的组合搭配要协调 **价格区间** 500～6000元/个

席地而坐，贴近自然的生活态度，使家具呈现"低姿"特色，避免夸张家具，同时低姿家具会令家居空间利用更加紧凑。

设计师推荐 **2 韩式手绘家具**

 搭配要点 花草纹饰的手绘家具最能体现风格特征 **价格区间** 800～3000元/个

韩式田园风格突出格调清婉惬意，常见以随意涂鸦为主流特色的手绘家具，虽然线条随意，但注重干净干练。

碎花/纯色 布艺沙发

精美小碎花是韩式田园风格的一大鲜明特征，与白色家具相搭配，既雅致，又能营造出属于自己的"花花世界"。

 也可以选购纯色布艺沙发来体现风格特征

 1000～4000元/套

白色家具+碎花

白色家具及碎花图案，都是韩式家居中非常常见的装饰元素，因此，将这两种元素结合在一起的设计也十分常见。

 可以将家居和布艺织物结合起来选购

 1000～5000元/个

韩式榻榻米

韩式榻榻米不仅可以用于睡觉，还可以摆放至客厅一角，或者放置在阳台上。此外，韩式榻榻米一般还具有储物收纳功能。

 结合空间的尺寸来选择适合的韩式榻榻米

 1000～3000元/个

风格饰品

韩式田园风格的居室，一般会通过绿化把居住空间变为"绿色空间"，使植物融于居室，创造出自然、简朴、高雅的氛围。另外，像韩式工艺品和带裙边的坐垫，则是非常具有风格特征的装饰物。

设计师 **推荐** **带裙边的坐垫**

 选购要点 注意裙边做工的精美程度，无跑线、多余褶皱

 价格区间 40～150 元/个

韩式家居会体现出一种轻松的态度，在一些细节布置上会体现出来，比如常用带有可爱蓬蓬裙边的坐垫作为装饰。

韩式工艺品

韩国是一个非常具有民族特性的国度，因此能代表本土特色的工艺品很多，可以在细节处将韩式风格体现得淋漓尽致。

 选购要点 韩国木雕、韩国面具、韩国太极扇、民间绘画等

 价格区间 100～500 元/组

绿色系+韩式风格家具，令韩式田园风格更加凸显

以清雅绿色系为主调的家居空间中，有大量的绿植作为点缀，营造出有氧的空间氛围。另外，低姿家具、纯色布艺沙发、韩式手绘家具的运用，令风格特征更加明显。

1 清雅绿色系

2 低姿家具

3 纯色布艺沙发

4 棉麻

5 韩式手绘家具

蝴蝶床品与蕾丝纱帐相结合，令空间唯美气息更浓郁

粉蓝色与粉色相结合的空间，呈现出唯美的气息。大面积蝴蝶图案的床品，及蕾丝纱帐的运用，令空间的唯美氛围更加浓郁。

1 带裙边的坐垫

2 蝴蝶图案

3 蕾丝

充分利用色彩及软装来凸显韩式田园的风格特征

卧室无论在色彩的选用上，还是家具的搭配运用，皆体现出韩式田园风格的干净、唯美气息。另外，花草纹饰、韩式装饰画的点缀运用，丰富了空间的视觉层次。

1 白色+粉色

2 花草纹饰

3 韩式工艺品

4 白色家具+碎花

Part **14**

混搭风格

　　混搭风格糅合东西方美学精华元素，将古今文化内涵完美地结合于一体，充分利用空间形式与材料，创造出个性化的家居环境。但混搭并不是简单地把各种风格的元素放在一起做加法，而是把它们有主有次地组合在一起。混搭得是否成功，关键看是否和谐。

风格色彩

混搭风格的色彩虽然可以出其不意，但搭配的前提条件依然是和谐，比如窗帘是绿色系，地毯、床品的颜色最好是白色、黄色等与之相配的颜色；另外，虽然对比色也是混搭风格的常用配色，但需要注意如果家具和配饰是古典风格，各类纺织品就一定不能选择对比色。

设计师推荐

反差大的色彩

配色要点 配色时依然要注意和谐，不要过于特立独行

反差大的色彩可以在视觉上给人以冲击力，也可以令混搭家居的表情更为丰富，例如可以选择低彩度的地面色彩，而打造高亮度的墙面。

冷色+暖色

冷色系给人带来冷静、沉稳的色彩感受，而暖色系则带来热情、温暖的色彩感受，将两种具有强烈反差的色系搭配使用，能够表现出混搭风格的创意设计理念。

配色要点 选择一个色系作为主角色，与另一个色系搭配使用

风格形状及图案

混搭风格在空间造型上较为多样，横平竖直的设计不太适用于混搭风格。可以结合弧形、雕花等多样的线条及装饰图案，来丰富空间的视觉层次，令混搭风格呈现出具有创意的新潮设计方案。

直线+弧线

混搭风格的家居在线条的选择上丰富多样，直线与弧线的搭配运用，可以令家居环境看起来富有变化性，其中地中海风格中的拱形门也可以为混搭风格的家居增色。

设计要点 拱形门、拱形窗的运用尽量简洁化

直线+雕花

直线条的流畅感搭配雕花工艺的繁复，可以令混搭风格的家居变得丰富多彩。例如选择中式雕花家具，或在家居中摆放造型感和腿部装饰丰富的欧式家具，而空间的整体线条为直线。

设计要点 雕花的使用不宜过多，且要有直线条作为搭配

风格材质

　　在混搭风格的家居中，材料的选择十分多元化，能够中和木头、玻璃、石头、钢铁的硬，调配丝绸、棉花、羊毛、混纺的软，将这些透明的、不透明的，亲和的、冰冷的等不同属性的东西层理分明地摆放和谐，就可以营造出与众不同的混搭风格的家居环境。

设计师推荐

冷材质+暖材质

 设计要点 冷暖材料的结合设计，施工工艺的结合是关键

 价格区间 不同材质的选购，其价格区别也有区别

　　冷材质与暖材质的搭配使用，可以令空间呈现出强烈的视觉冲击力，充分吻合了混搭风格别出心裁的设计观念。

中式仿古墙

　　可以在现代风格的家居中设计一面中式仿古墙，既区别于新中式风格，又可以令混搭的家居独具韵味。

 设计要点 可以是书法纹样的石材，也可以是红砖或青砖墙

 价格区间 90～140元/㎡（施工价格）

风格家具

混搭风格家居中的家具一般会呈现出多样化的特征，经常会用不同风格的家具进行搭配，例如中式家具和欧式家具相搭配，或者现代风格的家具搭配中式风格或欧式风格的家具。另外，混搭风格的客厅中还会摆放形态相似，但颜色不同的家具。

设计师 **推荐** **色彩不同的同类型家具**

搭配要点 色彩及装饰图案上要与家居大环境相协调

价格区间 600～2000元/个

形态相似，但颜色不同的家具，可以丰富空间层次，避免形成单调的家居环境，令混搭风格的家居更具装饰性。

现代家具 +中式古典家具

混搭风格的家居中，现代家具与中式古典家具相结合的手法十分常见。但中式家具不宜过多，太多会令居室显得杂乱无章。

搭配要点 中式家具与现代家具的搭配黄金比例是3∶7

价格区间 1500～8000元/个

风格饰品

混搭风格家居中的装饰品选择与家具的搭配类似，只需将不同风格的装饰品进行合理混搭即可。例如，家中以欧式风格为主，那么将带有中式风格的元素点缀其中，会为整个房间增色不少；或者在现代风格为主的空间中，搭配装饰中式或欧式风格的工艺品。

设计师 推荐

现代装饰品+中式装饰品

搭配要点 可以在中式风情的家具上摆放现代特色的装饰品

价格区间 现代特色装饰品40～300元/个

现代装饰品的时尚感与中式装饰品的古典美，可以令混搭风格的居室格调独具品位。

现代画+中式家具

混搭风格的家居中先摆放上典雅的中式家具，然后在其墙面或者家具上或挂或摆上装饰画，这样的装饰手段非常讨巧。

搭配要点 装饰画的画框最好以简洁的木相框为主

价格区间 木相框10～20/个；中式家具2000～8000/个

现代灯具+中式元素

选择一盏具有现代特色的灯具来定义居室的前卫与时尚，之后在居室内加入一些中式元素，例如中式木挂、中式雕花家具等。

 搭配要点 灯具与中式元素皆为点缀配饰，不宜过于杂乱

 价格区间 灯具100~500元/组；中式木挂100~300元/个

民族工艺品+现代工艺品

民族工艺品一般设计手法独具特色，具有很强的装饰性，搭配使用现代工艺品，主次分明，令混搭风格的家居不显杂乱。

 搭配要点 民族工艺品不要太多，只做点缀使用即可

 价格区间 民族工艺品80~300元/个

中式装饰品+欧式装饰品

中式装饰品与欧式装饰品的装饰特征均十分明显，可以令混搭风格的家居显得艺术感十足，且增强层次感。

 搭配要点 可以采用同种材质的工艺品，更显协调

 价格区间 中式工艺品50~400元/个；欧式工艺品80~500元/个

案例解析

反差大的色彩+不同风格的装饰品，呈现出混搭风格的多样性

空间中采用了白色与黑色、红色与绿色等反差较大的色彩，使客厅呈现出多样的视觉层次。另外，现代装饰品与中式装饰品的搭配运用，呈现出混搭风格的多样性。

1 现代装饰品+中式装饰品

2 中式仿古墙

3 反差大的色彩

4 冷色+暖色

多样化的材质、家具、装饰品搭配，使家居环境独具特色

空间中不论是材质、家具，还是装饰品，都呈现出丰富多样的特征，令混搭风格的客厅呈现出丰富的视觉层次，也使家居环境显得独具特色。

1 冷材质+暖材质
2 现代灯具+中式元素
3 民族工艺品+现代工艺品
4 形态相似的家具+不一样的颜色

1 直线+雕花
2 现代家具+中式古典家具
3 中式装饰品+欧式装饰品
4 直线+弧线

丰富的线条与雕花设计，令混搭风格的家居不显呆板

空间中的线条丰富，直线与弧线的搭配运用，令空间形态不显呆板。另外，红色木门上雕花设计的出现，成为空间中最为醒目的装饰。

Part 15

北欧风格

北欧风格以简洁著称于世，并影响到后来的"极简主义""后现代"等风格。北欧风格的装修无硬装，重软装，墙面上没有多余的吊柜、装饰等，拥有许多较大的落地窗。另外，北欧风格的空间功能模糊，善于利用软装以及家具来相对划分区域。

风格色彩

北欧风格的家居，以浅淡的色彩令居家空间得以彻底降温。但北欧风格并不是单纯的非黑即白，在选色上也会参考灰绿、灰蓝、奶油黄、皮粉等颜色，绝大多数会使用温和的中性色彩，整体不会过于跳脱和多元，会保持色调与装饰风格极简化的视觉统一。

设计师推荐 浅色+木色

 配色要点 木色的使用一般为家具及地板，少见墙面饰面板

北欧风格的家居在用色上偏爱浅色调，这些浅色调往往要和木色相搭配，创造出舒适的居住氛围，也体现出北欧风格自然与素雅的氛围。

色彩点缀

由于北欧风格中会大量使用黑白灰这类无彩色，因此整个家居环境会显得比较理性。为了避免单调感，可以采用冷暖色彩来作为色彩点缀，以丰富空间色彩层次。

 配色要点 色彩点缀即为用少量色彩作为搭配，不宜大量使用

风格形状及图案

北欧风格的家居中，设计线条明朗而流畅，基本都利用直线设计成的形态或形式，并且十分注重细节的处理。另外，北欧风格室内的顶、墙、地六个面，完全不用纹样和图案装饰，只用线条、色块来区分点缀。

流畅的线条

北欧家居风格以简约著称，注重流畅的线条设计，代表了一种回归自然、崇尚原始的韵味，外加现代、实用、精美的艺术设计，反映出现代都市人进入新时代的某种取向与旋律。

 设计要点 大空间用直线，家具、装饰等可采用圆滑线条

条纹

由于北欧风格的家居在线条上注重简洁、流畅，因此条纹图案在家居空间较常出现，既吻合北欧风格的特点，又具备一定的装饰性，可谓一举两得。

 设计要点 条纹可以作为家居布艺的点缀使用

风格材质

　　天然材料是北欧风格的灵魂，如木材、板材等，其本身所具有的柔和色彩、细密质感以及天然纹理非常自然地融入到家居设计之中，展现出一种朴素、清新的原始之美。以外，北欧风格常用的装饰材料还有石材、玻璃和铁艺等，但都无一例外地保留了材质的原始质感。

原木

　　未经精细加工的原木最大限度地保留了木材的原始色彩及质感，有很独特的装饰效果，在北欧风格的家居中十分适用。

 搭配要点 可作为吊顶或隔断使用

 价格区间 800～2000元/m³

白色砖墙

　　白色砖墙自然的凹凸质感及颗粒状的漆面，保留了原始质感。其本身的白色，则塑造出干净、整洁的北欧风格特点。

 搭配要点 白色砖墙包括白色乳胶漆和红砖两部分

 价格区间 150～180元/m²（材料+施工）

风格家具

北欧风格的家具简洁流畅，完全不使用雕花及纹饰。另外，北欧风格的家具选材独特，注重功能，且充溢着丰富的想象力。除了简洁的主要特性外，北欧家具还具有符合人体力学的曲线设计，因此实用性也较强。

设计师推荐 **板式家具**

搭配要点 通过家具的比例、色彩和质感，来传达美感

价格区间 2000～4500元/套

使用不同规格的人造板材，再以五金件连接的家具，可以变幻出千变万化的款式和造型，是北欧风格家居中的常见家具。

符合人体曲线的家具

"以人为本"是北欧家具设计的精髓，注重从人体结构出发，讲究它的曲线如何在与人体接触时达到完美的结合。

选购要点 选购时要试坐，看是否能达到舒适的要求

价格区间 600 2000元/个

风格饰品

北欧风格注重的是饰，而不是装，后期的装饰非常注重个人品位和个性化格调，饰品不会很多，但很精致。其装饰品的选择以简洁流畅的造型、冷酷的材质、色彩艳丽的装饰品为主。抽象的装饰画、抽象几何造型雕塑及带有强烈机械痕迹的装饰品都较为适合。

设计师推荐

玻璃瓶+绿植

搭配要点 可以多选择几个玻璃瓶进行搭配，丰富空间层次 **价格区间** 60~120元/瓶

玻璃瓶精美且具有典型的北欧风特色，再搭配绿意盎然的绿植，摆放在空间的任意一处都是精美的装饰品。

简约落地灯

材质一般有木制和金属两种。金属落地灯会成弧度支在沙发边角；木制落地灯则可以搭配浅色布艺灯罩装饰空间。

选购要点 造型一定要遵循北欧风的简洁特性 **价格区间** 500~1000元/个

白色绒毛地毯

　　白色绒毛地毯可增添空间的触摸舒适度，缓解地面带来的冰凉感，也与以浅色调为主的北欧风格相协调。

 选购要点 除了白色，也可以选购米色、灰色等

 价格区间 60～90元/㎡

线条简洁的壁炉

　　壁炉是欧式风格的典型元素，但北欧风的壁炉放弃了繁复的雕花造型，以简洁实用为标准，不占用过多的空间面积。

 设计要点 常设计在客厅的电视背景墙、餐厅的主题墙等处

 价格区间 2000～2400元/个

照片墙

　　在北欧风格中，照片墙的出现频率较高，其轻松、灵动的身姿可以为北欧家居带来律动感。

 选购要点 照片墙、相框往往采用木质，和风格达到协调统一

 价格区间 10～300元/个（组）

合理运用北欧特色软装，增添空间别样生机

空间中的色彩十分清雅，带来干净、自然的视觉效果。其间用照片墙、玻璃瓶+绿植等软装，为原本素雅的空间增添了别样的生机。

1 浅色+木色

2 条纹

3 玻璃瓶+绿植

4 板式家具

5 照片墙

利用软装避免北欧风格家居的单调性

1 简约落地灯

2 流畅的线条

3 灰色绒毛地毯

4 色彩点缀

空间的配色及线条都十分简洁、明了，令居室的北欧特征表现突出。而灰色绒毛地毯，以及简约落地灯等软装搭配，既与空间风格相协调，又避免了空间的单调性。

利用北欧元素打造引人注目的装饰背景墙

1 原木板材

2 白色砖墙

3 线条简洁的壁炉

4 符合人体曲线的家具

利用原木板材、白色砖墙，以及线条简洁的壁炉设计而成的背景墙，既丰富了空间的视觉层次，又吻合北欧风格选材及装饰的理念。

Part **16**
东南亚风格

东南亚风格是一种结合东南亚民族岛屿特色及精致文化品位的设计，就像个调色盘，把奢华和颓废、绚烂和低调等情绪调成一种沉醉色，让人无法自拔。其家居设计实质上是对生活的设计，东南亚式的设计风格之所以如此流行，正是因为其崇尚自然、原汁、原味。

风格色彩

东南风格的配色可分为三类，一类是以原藤、原木的木色色调为主，或褐色、咖啡色等大地色系，在视觉上有泥土的质朴感。另一类是用彩色作主色，例如红色、绿色、紫色等。还有一类比较朴素，采用黑、白、灰的组合，这是比较现代一类的东南亚风格。

设计师 **推荐** **紫色点缀**

 配色要点 在使用时要注意度的把握，用得过多会俗气

紫色系向来代表的是神秘与高贵，在东南亚风格的家居中，香艳的紫色十分常见，它的妩媚与妖冶让人沉溺，一般适合局部点缀在纱缦、手工刺绣的抱枕或桌旗之中。

木色

木色以其拙朴、自然的姿态成为追求天然的东南亚风格的最佳配色方案。用浅色木家具搭配深色木硬装，或反之用深色木来组合浅色木，都可以令家居呈现出浓郁的自然风情。

 配色要点 可以利用木材的深浅色泽变化，来丰富空间层次

风格形状及图案

东南亚风格的家居中图案往往来源于两个方面，一个是以热带风情为主的花草图案，另一个是极具禅意风情的图案。其中花草图案的表现并不是大面积的，而是以区域型呈现；同时图案与色彩搭配协调，为一个色系的图案。而禅意风情的图案则作为点缀出现在家居环境中。

设计师推荐 热带风情的花草图案

 设计要点 可以选择一面墙设计成热带雨林风情

东南家居中喜欢采用较多的阔叶植物来装点家居，如果有条件的情况可以采用水池、莲花的搭配，非常接近自然。如果条件有限，则可以选择莲花或莲叶图案的装饰来装点家居。

禅意图案

东南亚作为一个宗教性极强的地域，大部分国家的人们都信奉着佛教，因此常会把佛像作为一种信仰符号体现在家居装饰中，令居室呈现出浓浓的禅意。

 设计要点 一般以装饰画的形态出现在家居装饰之中

风格材质

东南亚风格的家居中，天然的木材、藤、竹是东南亚室内装饰材料的首选。同时会在局部采用一些金属色壁纸、青铜、黄铜、彩色玻璃等进行装饰。在布艺材质方面，带有丝绸质感的布料最为常见。

设计师推荐

具有地域特色的石材

 搭配要点 搭配墙面木作造型出现，形成一个整体的设计造型

 价格区间 680～850 元/m²

石材的选用并不等同于常用的大理石或花岗岩等材料，而是具有地域特色的东南亚石材。

金属色壁纸

东南亚风格最适合带有凹凸质感的金属色壁纸，其纹理多借鉴东南亚文化，呈现出与东南亚风格的相协调的设计。

 搭配要点 可以大面积装饰内墙，也可点缀在普通的墙面之间

 价格区间 200～340 元/卷

米色颗粒硅藻泥

　　藻泥本身的凹凸纹理所带来的古朴质感与东南亚风格恰好相符，而米色调的硅藻泥还可为空间带来温馨的色调。

 可以减少大量的深色实木造型带来的压抑感

 90～110元/㎡

深色的方形实木

　　利用较高的层高，将吊顶设计成尖拱样式，再在吊顶两侧按一定规律排列方形实木房梁，打造极具东南亚气息的居室。

 可搭配棉麻质感的布艺或是壁纸

 可利用板材或纯实木制作，因此市场价格无法确定

质感古朴的地砖

　　这类地砖不同与仿古砖更倾向于欧式风的特点，而是具有古朴的、做旧处理质感的地砖，往往具有明显的凹凸纹理。

 和东南亚风格的家具搭配，可散发出异域风情

 350～400元/㎡

风格家具

东南亚风格家具的特点主要是来自热带雨林的自然之美和浓郁的民族特色。大部分东南亚家具都采用两种以上不同材料混合编制而成，如藤条与木片、藤条与竹条、柚木与草编等；色彩方面大多以深棕色、黑色等深色系为主，令人感觉沉稳大气。

设计师 推荐 木雕沙发

选购要点 柚木是制成木雕沙发最为合适的上好原料

价格区间 6000～8000元/组

木雕沙发不仅具有较好的质感，而且其本身的雕花具有一种低调的奢华，典雅古朴，极具异域风情。

藤艺沙发

藤艺沙发具有天然环保，吸湿、吸热、透风、防蛀虫，不易变形和开裂等特性，日常的使用中具有良好的耐用度。

 选购要点 藤条色泽均匀无黑斑，饱满无开裂现象

 价格区间 4000～5000元/组

实木雕花
茶几、边几

　　雕花样式以典型的东南亚文化为主，既有其本身的功用，也可以摆放在餐厅做餐边柜、摆放在过道的尽头做端景柜等。

 选购要点　柜体的颜色较深，且有做旧处理的工艺

 价格区间　1800～2200元/件

雕花实木餐桌

　　在餐桌的四腿雕刻繁复的、具有东南亚文化的雕花造型。餐桌整体有古朴的文化质感，是较好的东南亚风格家具选择。

 选购要点　最为常见的材料为红木，结实且耐用

 价格区间　7000～8500元/组

藤制双人床

　　藤制双人床具有良好的透气性与牢固度。　般床头位置会编制成带有圆润弧度的藤木床头，使人背靠时感觉舒适。

 选购要点　质地坚硬，柔韧性强，外观看上去首尾一致

 价格区间　3800～4500元/个

风格饰品

东南亚风格的家居在配饰上常常拥有别具一格的东南亚元素，如佛像、莲花、大象、木雕等。另外，各种各样色彩艳丽的布艺装饰也是东南亚家居的最佳搭档，其中尤以泰丝抱枕最为常见。用布艺装饰适当点缀能避免家居气息单调，令气氛活跃。

设计师 **1 推荐** 泰丝抱枕		**选购要点** 枕芯饱满，丝质面料无刮痕、脱丝现象	**价格区间** 50～200元/个

明黄、果绿、粉红、粉紫等香艳色彩组合而成的泰丝抱枕，跟原色系的家具相衬，香艳的愈发香艳，沧桑的愈加沧桑。

设计师 **2 推荐** 大象饰品		**选购要点** 大象装饰画、大象工艺品、大象木雕均适用	**价格区间** 80～300元/个

大象是东南亚国家非常喜爱的一种动物。大象饰品可以为家居增添生动、活泼的氛围，也赋予了家居环境美好的寓意。

木雕

东南亚木雕的木材和原材料包括柚木、红木、杪椤木和藤条。大象木雕、雕像和木雕餐具都是很受欢迎的室内装饰品。

 选购要点 家具上摆放小型木雕，大空间可摆放大型木雕

 价格区间 330～400元/件

锡器

东南亚锡器以马来西亚和泰国产的居多，无论造型还是雕花图案都带有强烈的东南亚文化印记。

 选购要点 含量高的锡器呈银亮色，貌似银器

 价格区间 650～800元/套

佛手

东南亚家居中用佛手点缀，摆放在实木雕花装饰柜的上面，可以令人享受到神秘与庄重并存的奇特感受。

 选购要点 佛手台灯、佛手工艺品均适用

 价格区间 200～300元/件

1 木雕沙发
2 木雕
3 锡器
4 紫色
5 木色

木色奠定东南亚风格的空间基调

　　木色与白色搭配而成的空间，奠定东南亚风格的基调。大量木雕沙发，以及锡器、木雕等点缀，在细节上呈现出东南亚风格的特色。

1 金属色壁纸
2 大象饰品
3 佛手

利用色彩与装饰，令东南亚风格的居室弥漫出神秘气息

　　金属色壁纸令空间呈现出低调而奢靡的氛围，大象饰品、具有东南亚异域风情的雕塑等装饰，令空间弥漫出浓郁的禅意与神秘的气息。

1 热带风情为主的花草图案

2 泰丝抱枕

3 藤艺沙发

4 具有地域特色的石材

利用独具东南亚风情的元素为居室打造异域风情

　　带有热带花草图案的壁纸，以及具有地域特色的石材地面，在大面积的装饰上呈现出浓郁的东南亚风情。而泰丝抱枕与藤艺沙发相搭配，则加深了东南亚风格的特征。

Part **17**
地中海风格

地中海风格泛指在地中海周围国家所具有的风格，这种风格代表的是一种有居住环境造就的极休闲的生活方式。其装修设计的精髓是捕捉光线、取材天然的巧妙之处。室内设计基于海边轻松、舒适的生活体验，少有浮华、刻板的装饰，生活空间处处使人感到悠闲自得。

风格色彩

地中海风格色彩丰富、配色大胆，往往不需要太多技巧，只要保持简单的意念，捕捉光线、取材于大自然，大胆而自由地运用色彩、样式即可。主要的颜色来源是白色、蓝色、黄色、绿色等，这些都是来自大自然最纯朴的元素。

设计师 **推荐** 蓝色+白色

配色要点 蓝色与白色的比例可达到1:1

蓝色与白色的搭配，可谓地中海风格家居中最经典的配色，不论是蓝色的门窗搭配白色的墙面，还是蓝白相间的家具，如此干净的色调无不令家居氛围体现得雅致而清新。

色彩的纯度对比

纯度对比是将两个或两个以上不同纯度的色彩并置在一起，产生色彩的鲜艳或混浊的感受对比。包括单一色相对比，也包括不同色相对比，如红蓝之间的对比等。

配色要点 色彩之间纯度差别的大小决定了纯度对比的强弱

风格形状及图案

地中海风格在造型方面，一般选择流畅的线条，通过空间设计上连续的拱门、马蹄形窗等来体现空间的通透，并用栈桥状露台、开放式房间功能分区体现开放性。通过一系列开放性和通透性的建筑装饰语言来表达地中海装修风格的自由精神内涵。

设计师推荐 地中海手绘墙

设计要点 一般常常作为电视背景墙及沙发背景墙出现

在地中海风格的家居中，常常绘制有地中海风情的手绘墙，充分体现出地中海的风格特征。其蓝天、白云、大海、圆顶房屋等元素，可以为家居带来清爽的视觉效果。

拱形

建筑中的圆形拱门及回廊通常采用数个连接或以垂直交接的方式，形成延伸般的透视感。此外，家中只要不是承重墙，均可运用半穿凿或者全穿凿的方式来塑造室内的景中窗。

设计要点 拱门与半拱门、马蹄状门窗的大量运用

风格材质

地中海风格在材质上，一般选用自然的原木、天然的石材等，来营造浪漫、自然的气息；也会塑造大面积的白灰泥墙来呈现其风格的独特韵味。另外，马赛克镶嵌、花砖拼贴在地中海风格中则算是较为华丽的装饰。

设计师 1 推荐 马赛克

 选购要点 购买已经拼接好、无需单独购买勾缝剂施工的品种

 价格区间 300～360 元/m²

马赛克瓷砖是凸显地中海气质的一大法宝，细节跳脱，整体却依然雅致。常应用在洗手台、电视背景墙、弧形垭口等地方。

设计师 2 推荐 白灰泥墙

 选购要点 可作为墙面材料大范围运用

 价格区间 150～180 元/m²

白灰泥墙其白色的纯度色彩与地中海的气质相符，另外凹凸不平的质感，也令居室呈现出地中海建筑所独有的质感。

海洋风壁纸

这类壁纸粘贴在墙面的效果十分出众，与空间内的家具、装饰品、布艺窗帘等更容易搭配。

 搭配要点 可以选择一面墙进行装饰，过多会显得繁杂

 价格区间 168～200元/卷

花砖

花砖的尺寸有大有小，常规的尺寸以300×300、600×600等规格的较多，可根据家居空间的面积选择合适的尺寸。

 搭配要点 多用在卫生间地面，或马桶后面一竖面的墙

 价格区间 210～250元/m²

边角圆润的实木

这类边角圆润的实木一般会设计在客厅的顶面、餐厅的顶面等地方，以烘托地中海风格的自然气息。

 设计要点 通常涂刷天蓝色木器漆，或做旧处理的工艺造型

 价格区间 一般需要联系特定的厂家定制，因此价钱不一

风格家具

地中海风格家具多经过擦漆做旧处理，线条以柔和为主，简单且修边浑圆；一般比较低矮，可以令空间显得通透。另外，带有强烈造型感的船型家具在空间中的运用也十分常见，可以将地中海的独特风情展现出来。

设计师 推荐 船型装饰柜

 选购要点 根据需要摆放的空间大小，来选择合适的尺寸

 价格区间 1800～2400元/个

船型装饰柜是体现地中海风格的元素之一，其独特的造型既能为家中增加新意，也能令人体验到来自地中海的海洋风情。

擦漆处理的家具

擦漆处理的方式可以流露出古典家具才有的质感，也能展现出家具在地中海碧海晴天之下被海风吹蚀的自然印迹。

 搭配要点 可以根据整体家居的色彩来选择擦漆家具的色彩

 价格区间 600～2800元/个

木色家具

地中海家具非常重视对木材的运用，为了延续古老的人文色彩，家具常常会直接保留木材的原色。

 如果家居整体色彩偏暗，最好选择浅木色

 500～2000元/个

条纹布艺沙发

地中海风格的家居中，布艺沙发一般为条纹纹理，色彩普遍以纯度较高的色彩为主，如蓝白条纹、浅黄色条纹等。

 根据家居整体色彩来决定条纹沙发的配色

 3600～4200元/组

白漆四柱床

地中海风格的卧室中，双人床通常会通体刷透亮的白色木器漆，床的四角分别凸出四个造型圆润的圆柱。

 搭配条纹或纯色床品，可以很好地凸显出风格特征

 2300～3100元/套

风格饰品

在地中海风格的家居中，其装饰品最好是以自然元素为主，如爬藤类植物是常见的居家植物，小巧的绿色盆栽也常看见。另外，还可以加入一些红瓦和窑制品，为空间增加古朴味道。而像窗帘、沙发套、灯罩等布艺均以低彩度色调和棉织品为主。

设计师推荐 1 圣托里尼装饰画

| 选购要点 | 最好选择带有木质相框的装饰画 | 价格区间 | 100～250元/个（组） |

地中海风格的家居中，其装饰画的题材可以选择圣托里尼风景画。清雅的色彩、梦幻的内容，可以很好地体现风格特征。

设计师推荐 2 海洋风装饰物

| 搭配要点 | 小型的悬挂墙面；大型的摆放在做旧处理的柜体上 | 价格区间 | 40～300元/个 |

地中海风格的家居中，少不了海洋风格的装饰物，如海星、贝壳、船、船锚等，这类装饰可以为家居增加活跃、灵动的气氛。

地中海吊扇灯

　　地中海吊扇灯是灯和吊扇的完美结合，既具灯的装饰性，又具风扇的实用性，可以将古典和现代完美结合。

 常用在餐厅，搭配餐厅的餐桌及座椅

 1200～1500元/个

地中海拱形窗

　　地中海风格中的拱形窗在色彩上一般运用其经典的蓝白色，并且镂空的铁艺拱形窗也能很好地呈现出地中海风情。

 常用在电视背景墙和餐厅背景墙之中

 800～1000元/个

铁艺装饰品

　　无论是铁艺烛台、铁艺花窗，还是铁艺花器等，都可以成为地中海风格家居中独特的风格装饰品。

 摆放在木制的地中海家具上，装饰效果会更好

 60～120元/个

案例 解析

1 马赛克
2 地中海拱形窗
3 地中海手绘墙
4 条纹布艺沙发
5 花砖

地中海手绘墙等独具特色的装饰，将地中海风情呼之欲出

地中海拱形窗、手绘墙、条纹布艺沙发的运用，充分体现出地中海家居的风情。马赛克和花砖等材料的运用，则为空间带来的灵动、活跃的气息。

1 地中海吊扇灯
2 蓝色+黄色
3 海洋风装饰物
4 拱形
5 船型装饰柜

黄色系带来明快的地中海风情家居

黄色系为主的家居环境带来明快的视觉享受，地中海吊扇灯、船型装饰物及海洋风装饰物在空间中的运用，则令地中海气息更加的浓郁。

擦漆处理的家具+白漆四柱床，体现出古朴而清雅的地中海风情

擦漆处理的家具与白漆四柱床，很好地体现出地中海风情古朴而又清雅的特色。同时与白灰泥墙塑造的大环境搭配得恰到好处。

1 擦漆处理的家具

2 白灰泥墙

3 蓝色+白色

4 白漆四柱床

1 木色家具

2 圣托里尼装饰画

3 边角圆润的实木床

4 铁艺装饰品

运用圣托里尼装饰画加深空间的风格特征

清雅色系的卧室中，摆放木色家具及边角圆润的实木床，显得自然风情十足，且带有海洋风的清爽。而墙面上悬挂的圣托里尼装饰画则加深了卧室的风格特征。

Part 18
日式风格

　　日式风格直接受日本和式建筑影响，讲究空间的流动与分隔，流动则为一室，分隔则分几个功能空间，空间中总能让人静静地思考。另外，日式风格常借用外在自然景色，为室内带来无限生机，选用材料上也特别注重自然质感，以便与大自然亲切交流，其乐融融。

风格色彩

日式风格的室内色彩多偏重于木色，以及竹、藤、麻等天然材料颜色，形成朴素的自然风格。同时，也常常会用于白色、米色这类清浅的色彩来与木色系做搭配，形成干净、清爽，而又不失禅韵的家居氛围。

设计师 推荐 木色

配色要点 为了避免单调，木色出现的比例不要超过70%

由于日式风格中常常会用木材、板材来装饰家居，因此家居色彩也多呈现出原木色，营造出自然、禅意的风格特征。原木色出现的地方很多，顶面、墙面、地面、家具等均可。

白色+浅木色

日式室内设计中色彩多偏重于浅木色，同时用白色作为搭配使用，可以令家居环境更显干净、明亮，使城市人潜在的怀旧、怀乡、回归自然的情绪得到补偿。

配色要点 白色与木色的最佳比例为4:6

风格形状及图案

日式风格的空间造型极为简洁，在设计上采用清晰的线条，而且在空间划分中摒弃曲线，具有较强的几何感。另外，樱花作为日本民众喜爱的花，在家居中出现频率较高。而由于自然山水图案极其符合日式风格的清雅特征，因此也被较多地运用在设计之中。

设计师推荐 **樱花图案**

设计要点 可以为手绘图案，也可以选择带有樱花图案的壁纸

樱花是日本民众喜爱的花，享誉世界，因此这种装饰图案被广泛地运用于日式风格的家居装饰中，可以令家居环境体现出一种唯美、自然的意境。

自然山水图案

日式风格的居室一般呈现出较为清雅的气质，因此带有水墨气息的自然山水图案的出现频率较高。常作为福司玛门的装饰图案，也会用在浮世绘等装饰画中。

设计要点 其清雅的色调及简洁的笔触，可以大面积使用

风格材质

日式风格常将自然界的材质大量运用于居室的装修中，不推崇豪华奢侈、金碧辉煌，以淡雅节制、深邃禅意为境界，重视实际功能。秉承日本传统美学中对原始形态的推崇，原封不动地表露出水泥表面、木材质地、金属板格或饰面，着意显示素材的本来面目。

设计师 推荐 草席

搭配要点 地面、顶面装饰均可用到　**价格区间** 80～300 元/㎡

日式风格注重与大自然相融合，所用的装修建材也多为自然界的原材料，其中草席就是经常用到的材质。

木材/板材

板材和木材是最常见的天然材质，在日式风格的居室中，也极为常见，体现出日式风格的禅韵特征。

搭配要点 顶面、墙面饰面均较为适宜　**价格区间** 150～500 元/㎡

风格家具

传统的日式家具以其清新自然、简洁淡雅的独特品位，形成了独特的家具风格，为日式家居营造出闲适写意、悠然自得的生活境界。常见的家具有榻榻米、升降桌、日式茶桌、押入等，凸显出别有风情的日式风格。

设计师 **推荐** 榻榻米

设计要点 睡觉时可当作床，又可以作为接待客人的临时客厅

价格区间 500～1000 元／m²

日式榻榻米看似简单，但实则包含的功用很多，既有一般凉席的功能，其下的收藏储物功能也是一大特色。

升降桌

升降桌在用时可以作为桌子使用，不用时可以下降到地面，丝毫不占用空间，此外这种桌子还具有收纳的功能，非常实用。

选购要点 一般与榻榻米结合起来进行选购

价格区间 一般包含在榻榻米的价格之中

风格饰品

日式风格采用木质结构，不尚装饰，其空间意识极强，形成"小、精、巧"的模式，利用檐、龛空间，创造特定的幽柔润泽的光影。另外，清雅的浮世绘、卷轴字画等装饰，极富文化内涵；而在室内悬挂宫灯、伞等作造景，可以体现出格调的简朴高雅。

设计师推荐 **1 和服娃娃装饰画/装饰物**

设计要点 可以作为装饰画悬挂，也可以作为摆件

价格区间 50～150元/个（幅）

和服是日本的民族服饰，其种类繁多，无论花色、质地和式样，千余年来变化万千，在日式家居中常见穿着和服的装饰娃娃。

设计师推荐 **2 障子门窗**

选购要点 可以选购带有暗纹的障子门窗，装饰效果极佳

价格区间 300～500元/扇

障子门窗不易变形、裂开，且外表光滑细腻，具有防水、防潮的功能。同时，障子纸还具有朦胧美，独具装饰效果。

浮世绘

浮世绘源自大和绘，是日本德川时代兴起的一种表现民间日常生活和情趣的版画，绘画题材涉及的非常广泛。

 选购要点 日式风格中的常见题材包括风景、花鸟等

 价格区间 100～380元/幅（组）

蒲团

蒲团是指以蒲草编织而成的圆形扁平坐具，在日式风格的家居中，可以作为一种装饰元素出现，体现出居室浓浓的禅意。

 选购要点 色泽均匀、无毛刺等缺陷

 价格区间 50～120元/个

福司玛门

福司玛门又叫彩绘门，一面是纸，一面是真丝棉布，在布面上有手工绘制的图案，极具装饰效果。

 选购要点 除了带有装饰图案的福司玛门，还可以选择纯色

 价格区间 400～600元/扇

案例 解析

天然材质搭配清雅色彩，形成协调、平和的日式家居

大量天然材质的运用，令居室呈现出浓浓的禅韵，也令空间散溢出自然、清雅的气息。白色与浅木色的搭配，在色彩上与材质形成较好的融合，整个居室十分协调、平和。

1 和服娃娃装饰物

2 榻榻米

3 板材

4 升降桌

5 自然山水图案

1 白色+浅木色

2 木色

3 樟子门

4 草席

5 蒲团

利用家具和装饰物，使空间的日式风情呼之欲出

日式榻榻米与升降桌的运用，使日式风情呼之欲出；搭配和服娃娃装饰物、带有自然山水图案的福司玛门，整个空间形成了十分浓郁的日式风情。